이해하기 쉬운 개정판

식품과 영양

머리말

지구 환경의 변화와 더불어 급속한 과학기술의 발달로 인간을 둘러싼 주변 생태 환경으로부터 많은 위협을 받고 있지만, 안전과 건강한 삶을 추구하는 현대인은 행복한 생활을 영위하기 위해 노력하고 있다. 현재는 물론 미래의 건강은 올바른 식생활을 통해 이루어지기 때문에 식품과 영양의 기초학문을 기반으로 더 나은 삶을 위해 식생활에 대한 관심이 증가하고 있다. 건강을 유지하기 위해서는 영양소 섭취기준을 근거로 필요한 영양소를 지나치거나 부족하지 않고 균형 있게 섭취해야 하지만 이를 실천하기는 쉽지 않다.

더욱이 글로벌화로 인해 각 나라의 다양한 식품이 수입되면서 식품에 대한 정보와 인체-영양과의 관계를 올바로 이해하고 이를 실천해야 하기 때문에 식품과 영양은 식품영양 전공자뿐 아니라 비전공자들에게도 매우 중요한 영역으로 자리 잡게 되었다. 이러한 시대적 요구를 반영하여 본 교재는 식품영양 전공자뿐 아니라 비전공자도 식품과 영양을 쉽게 이해할 수 있으며, 미래에 관심이 커질 분야까지도 가능하면 이해하고 이를 건강한 식생활에 응용할 수 있도록 집필하였다.

이 책은 한 학기 동안 교재로 사용하기에 적합하도록 구성하였다. 먼저 식생활의 기초를 설명하고 영양소 섭취기준에 따른 식품군별로 나누어 영양 성분, 영양 성분의 기능, 식품의 올바른 선택을 다루었다. 아울러 건강 및 식품 안전과 관련이 있는 당류와 나트륨, 기능성 성분, 식품의 안전과 식중독, 면역과 식품 알레르기를 설명하고, 체중 조절, 생활습관병 예방을 위한 건강한 식생활의 조건을 살펴보았다.

저자들은 식품과 영양을 잘 이해할 수 있도록 설명하고 새로운 정보와 최신 연구 등을 다루기 위해 많은 노력을 기울였지만, 부족함이 많아 앞으로도 새로운 지식과 최신 정보를 지속적으로 보완하여 친절하고 유익한 교재가 되도록 할 계획이다.

마지막으로 본 교재가 출판되도록 도움을 주신 파워북 임직원 여러분께 감사를 드린다.

저자 일동

차례

1 식생활의 기초

현태선

2 곡류

신말식

7 당류와 나트륨

현태선

8 음료와 술

이경애

9 기능성 성분

김정인

10 식품의 안전과 식중독

최은옥

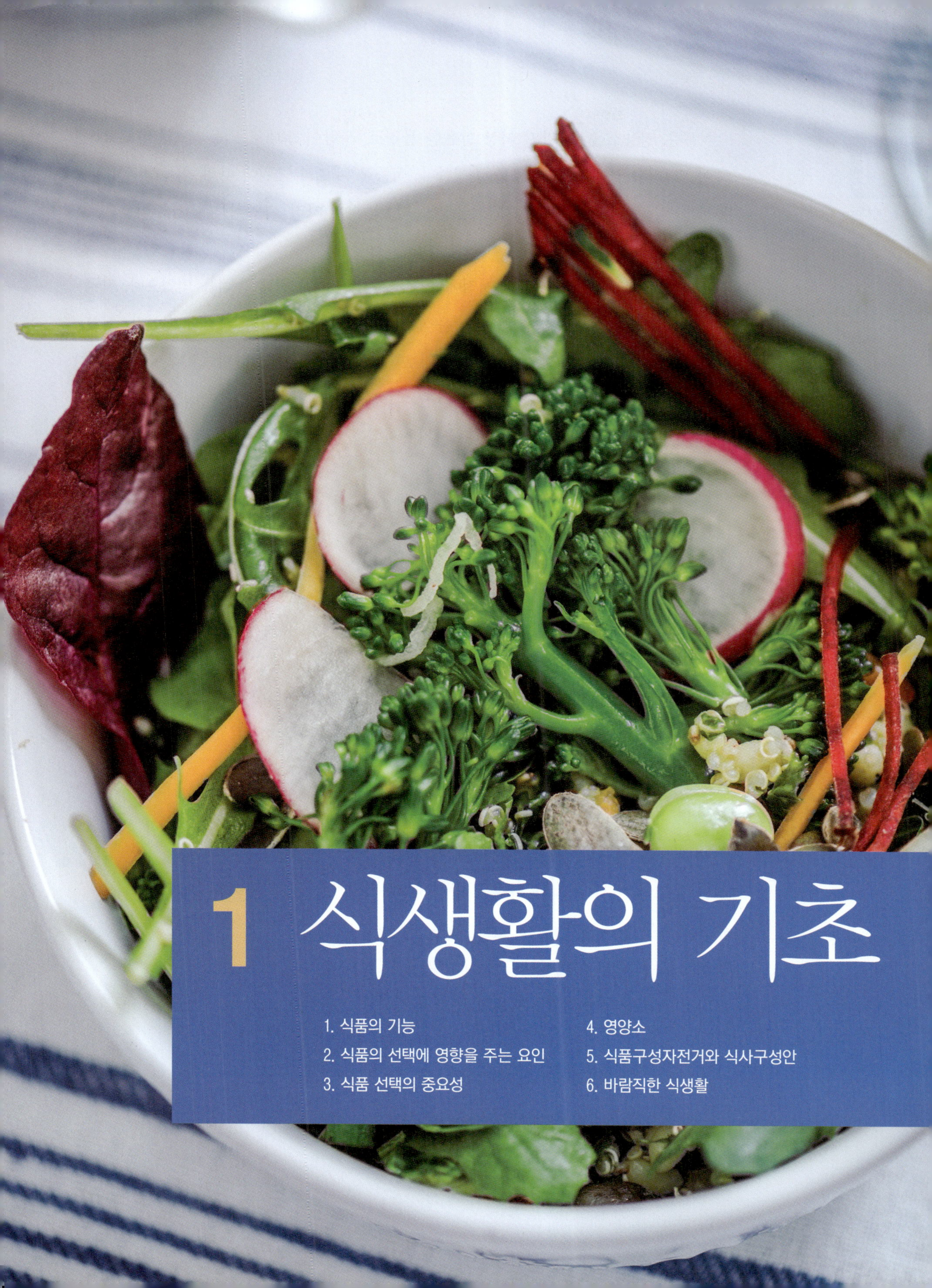

1 식생활의 기초

1. 식품의 기능
2. 식품의 선택에 영향을 주는 요인
3. 식품 선택의 중요성
4. 영양소
5. 식품구성자전거와 식사구성안
6. 바람직한 식생활

식품은 영양소를 한 가지 이상 함유한 물질로, 사람이 그대로 먹을 수 있거나 요리하여 먹을 수 있는 모든 재료를 총칭한다. 식품을 재료의 근원에 따라 식물성 식품과 동물성 식품으로 분류하며, 가공 공정을 거쳤는지에 따라 자연식품과 가공식품으로 분류할 수 있다.

우리가 경제적으로 어려웠던 시절에는 배고픔을 면하기 위해 음식을 먹었으나, 지금은 음식의 맛을 즐기고 건강에 좋은 음식을 먹고자 하는 욕구가 커지게 되었다. 이와 함께 다양한 매체를 통해 음식에 대한 정보를 쉽게 접할 수 있게 되었으나, 이들 중에는 잘못된 영양정보도 있다. 이제 우리는 식품과 영양에 대한 정확한 정보를 가려 내고, 올바른 식생활을 실천할 수 있도록 기초지식을 알아보기로 하자.

1. 식품의 기능

식품의 기능은 일반적으로 다음과 같이 3가지로 나눌 수 있다 그림 1-1.

1) 영양 기능 : 1차 기능

식품에는 영양소가 들어 있으며, 우리는 이 영양소를 섭취함으로써 매일매일 살아가는 데 필요한 에너지를 얻고 성장하며 배고픔을 해결할 수 있다.

2) 감각 기능 : 2차 기능

각 식품은 독특한 맛, 향, 색, 질감 등의 특성을 갖고 있어서 우리의 감각을 즐겁게 해 주고 기호를 만족시켜 줄 수 있다. 아무리 영양적으로 우수한 식품이라도 우리의 기호에 맞지 않으면 우리는 섭취하지 않으려 한다.

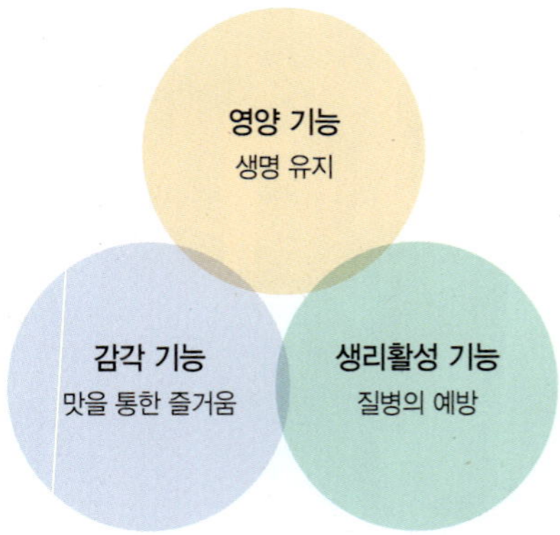

그림 1-1 ▸▸ 식품의 세 가지 기능

3) 생리 활성 기능 : 3차 기능

식품 중에는 여러 가지 생리 활성 성분이

있어서 건강을 향상시키고 질병 예방에 도움이 되는 역할을 한다. 예를 들면, 면역 기능을 강화시키거나 노화 방지 등이 있다.

2. 식품의 선택에 영향을 주는 요인

우리가 음식을 선택할 때 다음과 같은 요인들이 영향을 준다.

1) 영양적인 면

식품의 1차 기능은 영양 기능으로 사람들은 영양적인 면을 고려하여 식품을 선택한다. 요즘 많은 식품에는 영양표시가 되어 있어서 이 식품의 에너지가 얼마인지, 나트륨 함량이 얼마인지 알 수 있으므로 이러한 영양적인 면을 고려하여 식품을 선택한다.

2) 맛에 대한 기호

사람들은 무엇보다 본인이 맛있다고 생각하는 것을 선택한다. 사람마다 미각을 감지하는 세포들의 특성이 다르기 때문에 그 특성에 따라 입맛이 다를 수 있다. 일반적으로 사람들은 단맛을 좋아하고, 쓴맛을 싫어한다. 또한 사람들이 맛있다고 생각하는 것은 어렸을 때부터 먹어왔던 익숙한 음식이므로 어렸을 때의 식습관이 매우 중요하다고 할 수 있다.

3) 편리성

현대인은 모두 바쁘다고 한다. 대학생들도 학업과 아르바이트 등으로 매우 바쁠 뿐 아니라 음식을 만들 수 있는 방법을 잘 모른다. 한편으로는 식품 가공기술이 발달함에 따라 다양한 가공식품이 이미 개발되어 있다. 따라서 인스턴트 음식, 냉동식품, 패스트푸드 등 편리하게 빨리 먹을 수 있는 음식을 쉽게 선택하게 된다.

4) 가격

영양적이고 맛이 좋고 편리하다 하더라도 음식의 가격이 예산을 초과한다면 선택하기 어렵게 된다. 가격 또한 음식 선택에 영향을 주는 주요 요인이다.

5) 건강

건강에 관심이 많아지면서 식품의 3차 기능인 생리 활성 기능, 즉 질병 예방 기능을 고려하여 식품을 선택하는 사람들이 많아지고 있다.

6) 문화와 종교적인 면

최근에는 글로벌 시대로 다양한 나라의 음식들을 맛볼 수 있게 되었으나 각 나라별로 고유의 식문화가 있다. 우리는 밥과 국, 김치, 그 외 반찬을 중심으로 하는 전통적인 한식을 먹고 살아 왔다. 그러나 빵 또는 파스타 등 밀로 만든 음식을 주식으로 하는 나라도 있다. 또한 종교에 따라서는 금하는 식품들이 있어서 식품 선택에 영향을 줄 수 있다.

7) 사회적인 면

다른 사람들을 만나거나 사람들과의 모임에서 음식은 매우 중요한 역할을 한다. 내가 만나는 사람들, 또는 모임의 특성과 장소가 음식 선택에 영향을 주게 된다.

8) 감정 상태

우울하거나 스트레스를 받을 때 사람에 따라서는 달콤한 음식 또는 매운 음식 등을 선택하여 기분을 전환하고자 한다. 이와 같이 감정 상태가 식품 선택에 영향을 주기도 한다.

9) 대중매체 또는 광고

대중매체에서는 다양한 식품에 관한 정보와 광고를 제공하고 있으며, 사람들은 이러한 정보에 노출될 때 음식 선택에 영향을 받게 된다. 특히 어린이들은 식품 광고에 의해 더 영향을 받기 쉽다.

10) 접근성

주위에 어떤 음식점이 있는가, 어떤 식품을 판매하는가에 따라 식품 선택에 영향을 줄 수 있다.

이와 같이 내가 음식을 선택하는 데에는 많은 요인들이 영향을 주고 있다. 나에게는 이 중에서 어떤 요인이 가장 중요한지 생각해 보자.

3. 식품 선택의 중요성

1) 신체 구성 및 생리 기능 유지

우리가 식품을 선택하여 섭취한 후에는 어떤 일이 일어날까? 우리 몸에서 음식이 소화되고 흡수되어 우리에게 필요한 영양소들은 우리의 혈액을 통해서 각 조직으로 가고, 그곳에서 각각의 역할을 수행하게 된다. 각 영양소들은 그 영양소가 하는 특별한 역할이 있기 때문에 우리는 그 역할을 잘 수행할 수 있을 정도로 섭취해야 한다. 어떤 영양소를 부족하게 섭취한다면 조직세포 내의 영양소 농도가 낮아지고, 필요한 역할을 못하게 되므로 문제가 생기기 시작하고, 이러한 부족현상이 지속된다면 질병이 생길 수도 있을 것이다 그림 1-2. 예를 들면, 비타민 C의 섭취가 지속적으로 부족하면 우리의 세포 내 비타민 C의 농도가 낮아져 비타민 C의 산화 방지 역할이나 결합조직을 형성하는 역할이 저하될 것이며, 장기적으로 심하게 결핍되면 괴혈병의 증세가 나타날 수 있게 된다.

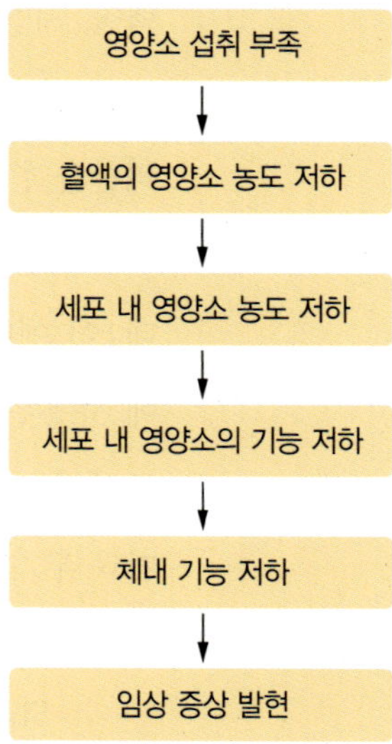

그림 1-2 ▸ 영양소 부족으로 인한 임상 증상 발현과정

또한 필요한 양보다 너무 많이 섭취한다면 영양소 과잉의 증상들이 나타나거나 비만이 될 수 있다. 따라서 우리는 우리 몸에 필요한 영양소를 필요한 만큼 섭취해야 건강을 유지하고 질병을 예방할 수 있다. 우리의 몸은 결국 우리가 섭취한 식품에 들어있는 성분들로 이루어지는 것이기 때문이다.

그렇다면 앞으로는 우리가 음식을 선택하는 기준이 맛이나 편리함보다 '영양적인 면'을 고려할 수 있어야 할 것이며, 그러려면 그에 필요한 지식이 있어야 할 것이다.

2) 만성퇴행성 질환 예방

의학기술이 발전되고 평균수명이 증가하면서 비만, 고혈압, 당뇨병, 골다공증의 발병이 증가하고 암, 심혈관 질환 등이 주요 사망 원인이 되었다. 이러한 만성퇴행성 질환의 발병은 유전적 요인과도 관련이 있지만, 식생활과도 매우 밀접한 관련이 있어서 우리가 어떤 식습관을 갖는지에 따라 예방할 수도, 발병을 재촉할 수도 있다. 따라서 성인기에 들어선 대학생 시기에 올바른 식생활을 하는 것은 이러한 생활습관병을 예방하여 건강하게 오래 살 수 있는 기초가 될 것이다.

4. 영양소

영양소는 우리가 생명을 유지하기 위해 반드시 섭취해야 하는 물질로, 탄수화물, 단백질, 지방질, 비타민, 무기질, 물의 6가지로 크게 분류할 수 있다. 영양소는 표 1-1과 같이 우리가 활동하는 데 필요한 에너지를 제공하거나 신체 구성, 생리작용을 조절하는 역할을 한다.

우리가 섭취한 탄수화물, 단백질, 지방질은 체내에서 분해되면서 에너지가 발생하는데, 이 에너지는 육체적인 활동을 하거나 체내에서 일어나는 호흡, 혈액 순환, 대사 등에 사용된다. 체내에서 에너지를 제공하는 탄수화물, 단백질, 지방질 외에 에너지를 제공하지는 않지만 소량으로 체내 생리작용에 반드시 필요한 미량영양소가 있는데, 비타민과 무기질이 미량영양소에 해당된다.

표 1-1 ▸ 영양소의 주요 기능

영양소의 주요 기능	영양소의 종류
에너지 제공	탄수화물, 단백질, 지방질
신체 구성	물, 단백질, 지방질, 무기질
생리작용 조절	단백질, 비타민, 무기질

우리 신체를 구성하는 역할을 하는 영양소에는 물, 단백질, 지방질, 무기질이 있으며, 우리 체내에서 일어나는 다양한 생리작용을 조절하는 영양소에는 단백질, 비타민, 무기질이 있다.

1) 영양소의 종류 및 기능

(1) 탄수화물

탄수화물은 탄소(C), 수소(H), 산소(O)로 이루어진 유기물질로, 가장 간단한 형태는 포도당(글루코스)이다. 식물은 광합성에 의해 글루코스를 만들며, 만들어진 글루코스는 서로 연결되어 전분의 형태로 저장되므로 곡류에는 이러한 전분이 많이 들어 있다.

탄수화물은 체내에서 1 g당 4 kcal의 에너지를 제공하는 중요한 역할을 한다. 탄수화물 중 글루코스, 프럭토스, 수크로스 등의 단순당은 단맛을 갖고 있어 식품에 단맛과 향미를 주며, 식이섬유는 변비를 예방하고, 혈액 중 당이나 콜레스테롤 흡수를 지연시켜 여러 가지 만성질환을 예방한다고 알려져 있다. 탄수화물에 대한 더 자세한 내용은 '제2장 곡류'와 '제7장 당류와 나트륨'에서 다룬다.

(2) 단백질

단백질은 탄소, 수소, 산소 그리고 질소(N)로 이루어진 유기화합물이다. 단백질의 구성단위는 아미노산으로, 각 단백질은 20개의 아미노산이 독특한 조성과 순서로 연결되어 있다. 단백질은 근육과 결합조직을 이루어 신체를 구성하고 있으며, 효소, 호르몬의 구성 성분으로 체내의 다양한 생리작용을 조절하고 있다. 즉, 물질을 운반하거나 저장하는 역할, 삼투압과 수분의 평형, 산·염기 평형, 면역작용 등의 역할을 한다. 또한 체내에서 1 g당 4 kcal의 에너지를 제공하고, 탄수화물이 부족하거나 단백질을 많이 섭취한 경우에는 글루코스로 전환될 수 있다. 단백질은 고기, 생선, 달걀, 콩류 등으로 주로 섭취할 수 있으므로 '제3장 고기, 생선, 달걀, 콩류'에서 자세히 다룬다.

(3) 지방질

지방질은 물에 녹지 않고 유기용매에 용해되는 유기물로 탄소, 수소, 산소로 이루어져 있다. 식품 중에 들어 있는 지방질은 대부분 중성지방질이며, 그 외 인지방질, 콜레

칼로리란?

에너지를 나타내는 단위로, 식품에서 나오는 에너지는 킬로칼로리(kcal)로 나타낸다. 1 kcal는 1 kg의 물을 1℃ 올리는 데 필요한 에너지이며, 보통 '어떤 식품이 몇 칼로리이다'라고 표현하지만 실제로는 kcal를 뜻하는 것이다.

스테롤 등이 있다. 지방질은 1 g당 9 kcal를 제공하며, 효율적으로 에너지를 저장하므로 우리가 섭취하고 남은 여분의 에너지는 중성지방질로도 저장된다. 피하조직이나 장기 주위에 저장된 지방질은 체온 조절과 장기 보호의 역할을 한다. 또한 인지방질, 콜레스테롤은 세포막의 주요 구성 성분이며, 스핑고지방질은 뇌와 신경조직에 함유되어 있는 등 지방질은 신체를 구성하는 중요한 역할을 한다. 지방질은 함께 섭취한 지용성 비타민의 흡수를 촉진해 주며, 식품 중의 지방질은 맛과 향미를 주어 지방질 함량이 높은 식품은 대체로 맛있게 느껴진다. 지방질은 주로 유지류로 섭취하므로 '제8장 유지류'에서 더 자세한 내용을 다룬다.

(4) 비타민

비타민은 탄소, 수소, 산소 등을 포함한 유기물질이며, 지방에 녹는 지용성 비타민과 물에 녹는 수용성 비타민으로 분류할 수 있다. 지용성 비타민은 비교적 안정하여 조리 중에 파괴가 덜 되며, 섭취한 비타민은 지방과 함께 흡수되어 혈액으로 이동된다. 간과 지방조직에 저장되므로 섭취량이 부족해도 결핍증이 서서히 나타나지만 과량 섭취하면 독성이 나타날 수 있다. 수용성 비타민은 가열하거나 빛에 노출되면 파괴되기 쉽고, 조리수에 용출되기도 쉽다. 또한 대부분 체내에 저장되지 않으므로 섭취량이 부족하면 결핍증이 쉽게 나타나며, 과량 섭취하여도 소변으로 배설되므로 독성이 거의 없다. 주요 비타민의 기능, 결핍증 및 급원식품은 표 1-2와 같다.

(5) 무기질

무기질은 C, H, O를 포함하지 않는 무기원소로, 무기질은 비타민과는 달리 신체를 구성하는 역할도 한다. 사람들이 섭취해야 하는 영양소로서의 무기질은 20여 종이며, 하루에 100 mg 이상을 섭취해야 하는 무기질을 다량무기질, 그보다 적은 양을 필요로

표 1-2 ▶ 주요 비타민의 기능, 결핍증 및 급원식품

		기능	결핍증	급원식품
지용성 비타민	비타민 A	성장 발달, 상피세포의 건강, 시력, 면역 기능	감염에 걸리기 쉬움, 피부건조, 안구건조증, 야맹증	간, 우유, 달걀, 녹황색 채소
	비타민 D	칼슘 흡수, 뼈의 건강 유지	구루병, 골연화증, 골다공증	청어, 고등어, 정어리, 참치 등 지방이 많은 생선, 간, 난황, 버섯
	비타민 E	산화 방지	적혈구 용혈현상, 골격근증	땅콩, 아몬드, 참깨, 콩기름, 참기름
	비타민 K	혈액 응고	혈액 응고 지연, 출혈	시금치, 쑥갓 등 푸른잎채소, 김치
수용성 비타민	티아민	탄수화물 및 에너지 대사에서 필요한 효소의 조효소 역할	식욕 부진, 체중 감소, 무감각, 기억력 감소, 각기병	돼지고기, 간, 현미, 통밀, 콩류
	리보플라빈		설염, 구순구각염, 피부염	우유, 달걀, 돼지고기, 쇠고기, 푸른잎채소
	니아신		식욕 부진, 허약, 펠라그라	쇠고기, 돼지고기, 연어, 고등어, 멸치
	비타민 B_6	단백질 대사에서 필요한 효소의 조효소 역할	빈혈, 경련, 피부염	돼지고기, 쇠고기, 닭고기, 연어, 고등어, 바나나
	엽산	아미노산 대사와 DNA 합성	빈혈, 위장장애, 태아의 신경관 결손	시금치, 쑥갓 등 푸른잎채소, 김치, 콩류, 딸기, 참외
	비타민 B_{12}	엽산대사, 신경조직 유지	악성 빈혈, 신경계 이상	쇠고기, 돼지고기, 연어, 청어 등 동물성 식품
	비타민 C	콜라겐 합성, 산화 방지	괴혈병, 상처 회복 지연, 빈혈	신선한 과일과 채소

하는 무기질을 미량무기질이라 한다. 주요 무기질의 기능, 결핍증 및 급원식품은 표 1-3과 같다.

(6) 물

물은 우리 몸의 60% 정도를 구성하는 물질로 소화, 흡수, 대사, 순환 등 체내에서 일어나는 모든 생리과정에 필수적이다. 예를 들면, 혈액의 주요 성분으로 영양소를 각 세포로 운반하고 노폐물을 신장으로 이동시켜 배출시키는 역할을 하며, 타액, 소화액, 점액 등의 성분으로 윤활작용을 한다. 그 외에도 충격에서 장기를 보호하는 역할을 하고 체온 조절도 한다.

표 1-3 ▸ 주요 무기질의 기능, 결핍증 및 급원식품

		기능	결핍증	급원식품
다량 무기질	칼슘	골격과 치아의 구성, 근육 수축, 신경자극 전달, 혈액 응고	구루병, 골다공증, 경련	우유 및 유제품, 멸치 등 뼈째 먹는 생선, 두부, 들깻잎
	인	골격과 치아의 구성, 산·염기 평형, ATP의 구성 성분	매우 드묾	거의 모든 식품
	나트륨	삼투압 유지, 산·염기 평형	저혈압, 메스꺼움, 근육 경련	소금, 가공식품
	염소		식욕 감퇴, 허약	소금, 나트륨 함유식품
	칼륨		식욕 감퇴, 근육 경련	감자, 바나나, 쑥, 상추, 토마토
	마그네슘	골격과 치아의 구성, 신경 전달, 근육 이완	성장 저하, 근육 경련, 심부전	땅콩, 해바라기씨, 시금치, 강낭콩
미량 무기질	철	헤모글로빈의 구성 성분	창백, 피로, 두통, 빈혈	쇠고기, 돼지고기, 대두, 녹두, 시금치
	아연	효소의 구성 성분, 상처 회복	성장 부진, 상처 회복 지연, 식욕 저하	굴, 쇠고기, 돼지고기, 대두
	구리	헤모글로빈 합성에 필요, 콜라겐 형성	빈혈, 콜라겐 형성	굴, 해바라기씨, 참깨, 대두
	요오드	갑상선호르몬의 구성 성분, 에너지 대사	갑상선종, 성장 위축, 지능 저하	김, 미역, 다시마
	셀레늄	산화 방지작용	근육 약화, 성장 저하	굴, 쇠고기, 돼지고기, 연어, 참치, 호두, 달걀

2) 영양소 섭취기준

영양소 섭취기준은 국민의 건강 증진 및 질병 예방을 목적으로 에너지 및 각 영양소의 적정 섭취량을 나타낸 것이다. 2020년에는 에너지를 포함하여 총 40종의 영양소에 대한 섭취기준을 성별, 연령군별로 설정하였다.

사람마다 영양소의 필요량은 모두 다르지만, 영양소 섭취기준에서 권장섭취량이란 인구 집단의 97~98%에 해당하는 사람들의 영양소 필요량을 충족시키는 섭취 수준으로 권장섭취량에 가깝게 섭취하면 부족할 염려가 없이 적절한 양을 섭취한 것으로 평가할 수 있다. 충분섭취량이란 권장섭취량만큼 명확한 근거는 없지만 이 정도 섭취하면 영양소 섭취 부족을 예방할 수 있다고 추정된 값이다. 따라서 우리는 권장섭취량 또는 충분섭취량에 근접한 양을 섭취하는 것이 적절한 섭취 상태라고 할 수 있다. 19~29세의 주요 영양소의 권장섭취량 또는 충분섭취량은 표 1-4와 같다.

표 1-4 ▸▸ 19~29세의 영양소 섭취기준

		남자	여자
에너지(kcal)[1]		2,600	2,000
단백질(g)		65	55
식이섬유(g)[2]		30	20
비타민 A(μg RAE)		800	650
비타민 D(μg)[2]		10	10
비타민 E(mg α-TE)[2]		12	12
비타민 K(μg)[2]		75	65
티아민(mg)		1.2	1.1
리보플라빈(mg)		1.5	1.2
니아신(mg)		16	14
비타민 B_6(mg)		1.5	1.4
엽산(μg)		400	400
비타민 B_{12}(μg)		2.4	2.4
비타민 C(mg)		100	100
칼슘(mg)		800	700
철(mg)		10	14
아연(mg)		10	8
수분(mL)	액체[2]	1,200	1,000
	총수분[2]	2,600	2,100

1) 에너지 필요추정량, 2) 충분섭취량, 그 외에는 권장섭취량

출처: 보건복지부·한국영양학회, 2020

또한, 에너지 불균형으로 인해 나타나는 만성질환에 대한 위험을 감소시키기 위해 탄수화물, 단백질, 지방질의 에너지 적정비율을 제시하였다. 표 1-5는 19세 이상 성인의 에너지 적정비율이다.

표 1-5 ▸▸ 19세 이상 성인의 에너지 적정비율

다량영양소	에너지 적정비율
탄수화물	55~65%
단백질	7~20%
지방질	15~30%

출처: 보건복지부·한국영양학회, 2020

3) 영양표시

영양표시는 제품의 일정량에 함유된 영양성분의 함량을 일정한 기준과 방법에 따라 제품 포장에 표시하는 것을 말하며, 과자, 빙과류 등의 가공식품과 김밥, 햄버거 등의 즉석식품에는 의무적으로 표시해야 한다. 또한 제과·제빵류, 아이스크림류, 햄버거 및 피자를 주로 판매하고, 동일한 명칭으로 전국에 100개 이상의 점포를 운영하는 휴게음식점, 일반음식점 및 제과점이 조리·판매하는 식품은 영양표시를 의무적으로 하여야 한다.

표시대상 영양성분은 열량, 탄수화물, 당류, 단백질, 지방, 포화지방, 트랜스지방, 콜레스테롤, 나트륨의 9가지이며, 그 외에는 업체에서 자율적으로 추가할 수 있다. 영양성분 함량은 총내용량당, 100g(mL)당, 단위 내용량당, 또는 1회 섭취 참고량당 함유된 값으로 표시한다. 영양표시를 읽는 방법은 〈Box 1〉과 같다. 먼저 영양정보의 기준을 확인한 후 본인의 섭취량과 비교한다. 다음으로 영양성분별 함량을 확인한 후 1일 영양성분 기준치에 대한 비율을 확인한다. 1일 영양성분 기준치는 2,000 kcal를 필요로 하는 성인이 하루에 평균적으로 섭취해야 하는 각 영양성분의 기준치를 의미하므로, 1일 영양성분 기준치에 대한 비율을 보면 하루에 섭취해야 할 영양성분의 몇 %를 이 식품으로부터 섭취하는가를 알 수 있다.

BOX 1

영양표시 읽는 방법

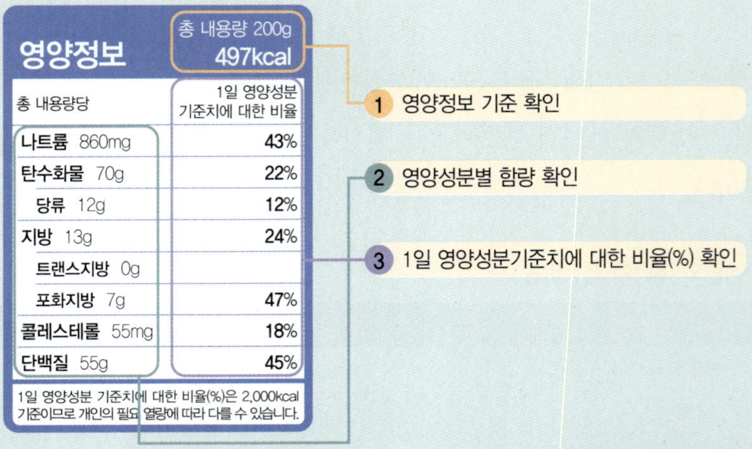

출처: 식품의약품안전처 영양표시 정보

영양표시를 하는 목적은 소비자가 식품에 들어 있는 주요 영양 성분을 확인하여 하루에 필요한 영양소를 적절하게 섭취하도록 돕고, 열량, 당류, 포화지방, 트랜스지방, 콜레스테롤, 나트륨을 과잉 섭취하지 않도록 돕는 것이다. 따라서 식품을 선택할 때에는 영양표시를 확인하고, 하루 동안 다양한 식품을 통해서 탄수화물과 단백질은 1일 영양소 기준치 만큼, 그리고 지방, 포화지방, 콜레스테롤, 나트륨은 100%가 넘지 않도록 섭취하는 것이 바람직하다.

5. 식품구성자전거와 식사구성안

1) 식품구성자전거

우리가 섭취하고 있는 식품을 함유한 주요 영양소에 따라 묶어 보면 곡류, 고기·생선·달걀·콩류, 채소류, 과일류, 우유·유제품류, 유지·당류의 6가지 식품군으로 구분된다. 식품구성자전거는 그림 1-3과 같이 이 6가지 식품군별 다양한 식품을 매일 골고루 필요한 만큼 먹어 균형 잡힌 식사를 해야 한다는 의미를 전달하고 있다. 앞바퀴는 매일 충분한 양의 물을 섭취해야 하는 것을 표현하고 있으며, 자전거에 앉은 사람의 모습은 매일 규칙적인 운동을 통한 비만 예방의 중요성을 표현하고 있다.

그림 1-3 ▸▸ 식품구성자전거

출처: 보건복지부·한국영양학회, 2020

2) 식사구성안

식사구성안은 복잡한 영양가 계산을 하지 않아도 한국인 영양소 섭취기준을 충족할 수 있도록 식사의 기본 구성을 제안한 것이다. 이를 위하여 각 식품군별 일정한 에

*표시는 0.3회, †표시는 0.5회

그림 1-4 ▸▸ 식품군별 대표식품의 1인 1회 분량

출처: 보건복지부 · 한국영양학회, 2022

너지 기준에 맞는 1인 1회 분량과 섭취 횟수를 제시하였다. 각 식품군별 1회 분량의 평균 에너지 함량은 곡류 300 kcal, 고기·생선·달걀·콩류 100 kcal, 채소류 15 kcal, 과일류 50 kcal, 우유·유제품류 125 kcal, 유지·당류 45 kcal이며, 이에 해당되는 대표 식품의 1회 분량은 그림 1-4와 같다.

권장섭취패턴이란 1일 에너지 필요량에 따라 식품군별 1회 분량의 적절한 섭취 횟수를 제시한 것이다. 예를 들어 19~29세 남녀의 에너지 필요추정량인 2,600 kcal와 2,000 kcal를 충족시키기 위한 권장식사패턴은 표 1-6과 같다. A형은 하루에 우유·유제품류를 2회 권장하는 패턴이며, B형은 1회 권장하는 패턴이다. 충분한 칼슘의 섭취를 위하여 2회가 더 적합하지만, 우유·유제품류를 자주 섭취 하지 않고 선호하지 않는 사람들을 위하여 두 가지의 패턴을 제시하였다.

19~29세 남자의 예를 들면, 권장식사패턴이 곡류 3.5회, 고기·생선·달걀·콩류 5.5회, 채소류 8회, 과일류 4회, 우유·유제품류 2회, 유지·당류 8회로 구성된다. 이를 끼니별로 나누면 곡류는 아침, 점심, 저녁에 각각 1, 1, 1.5회, 고기·생선·달걀·콩류는 1.5, 2, 2회, 채소류 2, 3, 3회, 그리고 간식으로 과일류 4회와 우유 2컵으로 구성할 수 있으므로, 각 식품군에서 적절한 식품을 선택하면 하루에 필요한 에너지와 대부분의 영양소를 균형있게 섭취할 수 있다.

표 1-6 ▸ 권장식사패턴의 예(19~29세)

식품군	2,600 kcal(남자)		2,000 kcal(남자)	
	A	B	A	B
곡류	3.5	4	3	3.5
고기·생선·달걀·콩류	5.5	6	3.5	4
채소류	8	9	7	8
과일류	4	4	2	2
우유·유제품류	2	1	2	1
유지·당류	8	7	6	4

A: 우유·유제품 2회 권장, B: 우유·유제품 1회 권장

6. 바람직한 식생활

1) 여러 식품군을 균형 있게

식품구성자전거에 표현되어 있는 곡류, 고기·생선·달걀·콩류, 채소류, 과일류, 우유·유제품류의 5가지 식품군에서 식품을 선택하여 매일 모든 식품군을 섭취할 수 있도록 하는 것이 중요하다. 고기·생선·달걀에는 철이 풍부하지만 칼슘은 부족하며, 우유·유제품류에는 칼슘은 풍부하지만 철이 부족하다. 이와 같이 각각의 식품군은 중요하게 제공하는 영양 성분이 다르므로 각각의 식품군에서 식품을 선택하여 섭취하여야 한다. 그러나 유지·당류 식품군은 우리가 신경 써서 섭취하지 않아도 다양한 음식을 통해 자연스럽게 섭취하게 되므로 5가지 식품군을 골고루 섭취하도록 한다.

표 1-7 ▸ 각 식품군에서 제공하는 주요 영양성분

식품군	주요 영양성분	식품
곡류	탄수화물, 식이섬유	밥, 국수, 빵, 떡, 시리얼, 감자, 과자류
고기·생선·달걀·콩류	단백질, 무기질	쇠고기, 돼지고기, 닭고기, 생선, 조개, 달걀, 콩, 두부, 땅콩
채소류	비타민, 식이섬유	당근, 시금치, 배추, 미역, 다시마, 김, 표고버섯, 양송이버섯
과일류	비타민, 식이섬유	사과, 배, 딸기, 참외, 과일주스
우유·유제품류	칼슘	우유, 요구르트, 치즈, 아이스크림
유지·당류	지방질, 탄수화물	식용유, 버터, 마요네즈, 설탕, 꿀

2) 같은 식품군 내에서도 다양하게

같은 식품군 내에서도 식품의 종류에 따라 많이 들어 있는 영양소에는 차이가 많이 있다. 예를 들면, 육류 중에서도 특히 돼지고기에는 티아민이 다른 육류에 비해 훨씬 많이 들어 있고, 채소류 중에서도 당근에는 베타카로텐이, 시금치에는 엽산이 많이 들어 있다. 콩에도 종류가 매우 다양하므로 하나의 콩을 매일 섭취하는 것이 아니라 다양한 종류의 콩을 섭취하는 것이 좋다. 이와 같이 같은 식품군 내에서도 다양한 식품을 선택하여 먹도록 한다.

3) 적절한 양

하루에 필요한 충분한 에너지와 영양소를 함유한 식사를 해야 한다. 최근에는 음식이 풍부해져서 에너지를 필요 이상으로 섭취하기 쉽게 되었다. 반면 우리에게 필수적으로 필요한 비타민이나 무기질은 오히려 부족하게 섭취하기 쉽고, 비만이면서 미량영양소는 부족하기 쉬우므로 하루에 필요한 에너지와 영양소를 적절하게 섭취하는 것이 매우 중요하다. 적절한 영양소의 양은 한국인 영양소 섭취기준에 설정되어 있다 표 1-4 참조.

4) 절제

달콤하고 짭짤하고 기름진 음식들은 맛이 좋아 많이 섭취하기 쉽다. 따라서 당, 나트륨, 지방이 많이 들어 있는 식품, 알코올 등은 절제하는 지혜가 필요하다.

이러한 내용을 기본으로 하여 각 나라에서는 나라의 실정에 맞도록 국민들을 위한 식생활지침을 제정하여 발표한다. 우리나라에서는 보건복지부, 농림축산식품부, 식품의약품안전처가 공동으로 국민의 건강하고 균형 잡힌 식생활 가이드라인인 '한국인을 위한 식생활지침'을 2021년에 제정하여 발표하였다(Box 2).

BOX 2

한국인을 위한 식생활지침 (2021)

1. 매일 신선한 채소, 과일과 함께 곡류, 고기·생선·달걀·콩류, 우유·유제품을 균형있게 먹자
2. 덜 짜게, 덜 달게, 덜 기름지게 먹자
3. 물을 충분히 마시자
4. 과식을 피하고, 활동량을 늘려서 건강체중을 유지하자
5. 아침식사를 꼭 하자
6. 음식은 위생적으로, 필요한 만큼만 마련하자
7. 음식을 먹을 땐 각자 덜어 먹기를 실천하자
8. 술은 절제하자
9. 우리 지역 식재료와 환경을 생각하는 식생활을 즐기자

그러나 대학생들의 식생활은 불규칙한 생활과 함께 불규칙하기 쉽고, 외식, 결식, 과식, 편식, 야식, 편의식품과 가공식품의 과잉 섭취, 음주 등 많은 문제점을 가지기 쉽다. 대학생을 대상으로 조사한 연구에 의하면 많은 학생이 칼슘, 비타민 A, 리보플라빈, 비타민 C, 엽산, 식이섬유 등을 권장섭취량 미만으로 섭취하고 있으며, 지방, 콜레스테롤, 나트륨은 과잉으로 섭취하고 있다. 이러한 결과는 대학생들에게 채소, 과일, 우유 및 유제품의 섭취가 부족하며, 이들을 충분히 섭취하도록 강조되어야 한다는 것을 시사한다. 〈Box 3〉은 대학생의 영양 섭취 부족 위험 진단을 위한 간이 식습관 평가표이다. 영양소를 골고루 섭취하고 있는지 간단히 평가해 보자.

BOX 3

대학생 영양 섭취 부족 위험 진단을 위한 간이 식습관 평가표

□에 ✓표를 하고 (　)의 숫자를 더한 합계 점수로 영양 섭취 부족 위험을 진단해 보시오.

1. 일주일동안 세 끼를 모두 먹는 횟수는?	□ 주 5회 이상 (2)	□ 주 1~4회 (1)	□ 거의 먹지 않는다 (0)
2. 아침식사 시간은 충분합니까?	□ 충분하다 (2)	□ 보통이다 (1)	□ 충분하지 않다 (0)
3. 어제 주식류(밥, 국수 등)를 몇 번 먹었습니까?	□ 3회 이상 (4)	□ 2회 (2)	□ 1회 이하 (0)
4. 어제 김치류를 몇 번 먹었습니까?	□ 3회 이상 (2)	□ 1~2회 (1)	□ 먹지 않았다 (0)
5. 지난 3일 동안 우유를 몇 번 먹었습니까?	□ 3회 이상 (4)	□ 1~2회 (2)	□ 먹지 않았다 (0)
6. 지난 3일 동안 육류을 몇 번 먹었습니까?	□ 3회 이상 (4)	□ 1~2회 (2)	□ 먹지 않았다 (0)
7. 지난 3일 동안 콩이나 두부를 몇 번 먹었습니까?	□ 3회 이상 (4)	□ 1~2회 (2)	□ 먹지 않았다 (0)
8. 지난 3일 동안 푸른잎채소를 몇 번 먹었습니까?	□ 3회 이상 (4)	□ 1~2회 (2)	□ 먹지 않았다 (0)

≤ 11 : 고위험군(섭취하는 영양소가 부족할 위험이 높습니다. 다양한 식품을 섭취하도록 노력하세요.)
12~15 : 중간위험군(섭취하는 영양소가 부족할 가능성이 있습니다. 다양한 식품을 섭취하도록 노력하세요.)
≥ 16 : 저위험군

출처: 이화영 외, 2015

2 곡류

곡류는 에너지 영양소인 전분을 함유한 식물성 식품으로 주로 주식으로 섭취되고 있다. 녹색식물의 세포 내 엽록체(클로로플라스트chloroplast)에서 이산화탄소와 물이 촉매작용을 하는 엽록소(클로로필chlorophyll)와 햇빛에 의해 글루코스glucose를 생성하고, 산소와 물을 배출하면서 백색체(아밀로플라스트amyloplast)에 전분 입자가 형성된다. 세계에서 생산되는 곡류 중에는 옥수수, 밀, 쌀이 3대 작물이며, 쌀은 아시아를 중심으로, 밀은 유럽, 미국, 호주를 중심으로 소비되고 있다. 곡류에는 당과 전분은 물론 식이섬유도 함유되어 있으며 종류, 섭취량, 조리·가공방법에 따라 소화·흡수율이 달라진다.

1. 탄수화물의 종류와 기능

1) 종류

탄수화물은 탄소와 물 분자가 결합한 유기물로 일반식은 $C_n(H_2O)_m$이다. 체내에서 소화·흡수되어 에너지를 내는 당류와 전분, 소화기관에서 소화되지 않고 대장에서 발효되는 식이섬유로 구분할 수 있다. 탄수화물에는 식품에 함유된 단당류로 탄소 수에 따라 오탄당과 육탄당이 있고, 단당류 2개의 글리코사이드 결합glycoside bond으로 생성된 이당류 및 다당류가 있다.

(1) 구성 단위에 의한 분류

① 단당류

탄수화물의 기본단위로 오탄당인 리보스ribose, 데옥시리보스deoxyribose, 아라비노스arabinose, 자일로스xylose와 육탄당인 글루코스, 프럭토스fructose, 갈락토스galactose 등이 있다.

② 이당류

두 개의 단당류가 글리코사이드 결합에 의해 물 한 분자가 빠지면서 결합된 화합물이며, 자연계에는 말토스maltose, 수크로스sucrose, 락토스lactose가 존재한다.

③ 다당류

글루코스가 10개 이상 수천~수십만 개 이상이 모여 이루어졌으며 α-글루코스의 고

분자인 전분starch과 글리코겐glycogen, β-글루코스의 고분자인 셀룰로스cellulose가 포함된다. 여러 종류의 단당류로 구성된 복합다당류에는 헤미셀룰로스, 검질, 펙틴질 등이 포함된다. 전분은 체내에서 효소에 의해 소화되나 비전분다당류는 소화되지 않는다.

(2) 소화성에 의한 분류

① 당류와 전분

당류는 소장에서 흡수되어 체내에서 글루코스로 이용되며, 전분은 α-글루코스가 1,4 또는 1,6결합으로 연결되어 체내에서 전분분해효소에 의해 소화되어 글루코스로

BOX 1

당류 및 전분의 구조

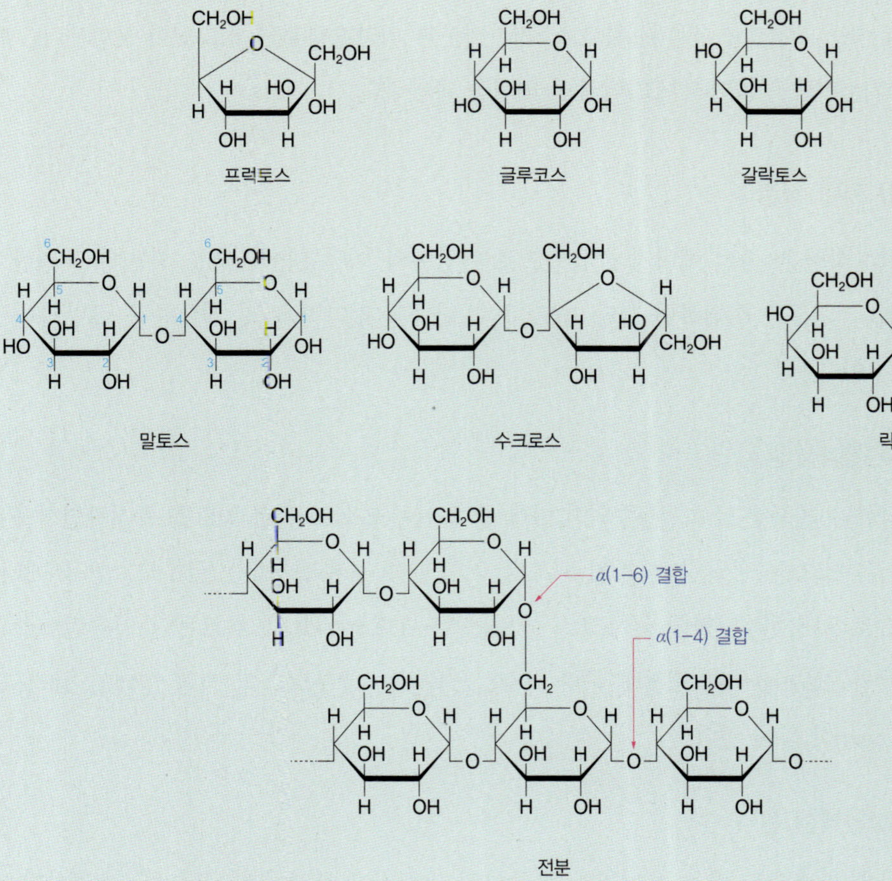

흡수된다. 전분은 직선상의 아밀로스와 분지상의 아밀로펙틴으로 이루어진 입자 형태로 들어 있다. 소화되기 위해서는 호화되어야 하며 1 g이 4 kcal를 낸다.

② 식이섬유

식이섬유dietary fiber는 체내에서 소화되지 않는 탄수화물을 말하며, 비전분다당류로 식물체 세포벽을 이루는 셀룰로스, 헤미셀룰로스와 세포간질인 펙틴질 및 검물질, 이눌린, β-글루칸 등이 속한다. 식이섬유는 대장에서 유익균인 프로바이오틱스probiotics의 먹이로 사용되고, 단쇄지방산을 생성하면 대장의 pH를 낮춰 건강한 대장 환경을 만든다. 이런 식이섬유를 프리바이오틱스prebiotics라 부른다.

식이섬유는 수분 흡수력이 크며, 물에 분산되는 수용성 식이섬유와 분산되지 않는 불용성 식이섬유로 나눈다. 수용성 식이섬유는 점도가 높아 소화기관에서 음식물의 통과시간이나 흡수속도를 지연하며 검질, 펙틴질, β-글루칸이 포함된다. 불용성 식이섬유에는 셀룰로스, 헤미셀룰로스, 저항전분과 비탄수화물인 리그닌이 포함된다. 대장에서 분변량을 증가시키고 담즙산 배설을 촉진한다.

2) 체내 기능

탄수화물은 주된 에너지 공급원으로 단당류와 이당류는 단맛을 주는데, 적절한 탄수화물 식품을 섭취하면 혈당 농도 유지, 단백질 절약작용 및 케톤증을 예방하는 기능이 있다.

(1) 에너지 공급원

당류나 전분은 소화·흡수되면 혈액 중에 글루코스로 일정 농도를 유지하면서 온몸에 글루코스를 공급한다. 특히 뇌조직, 적혈구 및 중추신경계는 글루코스만을 에너지원으로 사용한다. 혈중 글루코스 농도는 75~115 mg/dL로 호르몬인 인슐린insulin과 글루카곤glucagon이 조절해 준다. 간과 근육에는 글루코스의 저장 형태인 글리코겐glycogen이 들어 있다.

(2) 단백질 절약작용

인체가 필요로 하는 에너지가 부족하면 단백질이 분해되어 에너지를 제공한다. 특히 탄수화물 섭취가 부족할 때 단백질이 분해되므로 단백질이 고유의 역할인 체조직 구성이나 조절 영양소로서의 역할을 하기 어렵기 때문에 탄수화물을 충분히 섭취하여 체단백질의 분해를 막는 것이 중요하다.

(3) 케톤증 예방

체내에서 필요한 탄수화물이 부족하면 에너지 공급을 위해 체지방이 분해된다. 과다하게 체지방 분해가 일어나면서 지방질 산화가 불완전하게 이루어져 중간산물인 케톤체ketone body가 혈액에 증가하면 케톤증ketosis이 일어난다. 케톤체로는 아세토아세트산acetoacetic acid, β-하이드록시뷰티르산β-hydroxybutyric acid, 아세톤acetone 등이 있는데 케톤체가 많이 축적되면 혈액의 pH를 낮추어 산독증을 유발한다.

(4) 기타

위의 기능 이외에 신체 구성 성분으로 점성다당류, 당단백질, 핵산nucleic acid 구성 성분으로 리보스와 데옥시리보스가 필요하며, 식이섬유는 변비 억제, 소장에서의 흡수율과 대장의 pH를 조절하며, 락토스는 소장에서 칼슘의 흡수를 돕는다.

2. 전분의 특성

곡류에는 전분이 70~80%가 함유되어 있어 곡류 식품을 섭취하면 체내에서 호화된 전분이 소화, 흡수되어 에너지를 제공한다.

1) 전분이란

전분(녹말)은 입자 형태의 저장 탄수화물로 곡류에 따라 다면체, 둥근형, 타원형 등으로 되어 있으며, 크기도 종류에 따라 다르다. 전분은 α-1,4 글루코사이드 결합으로 이루어져 직선상이지만 나선형인 아밀로스와 α-1,4와 α-1,6결합으로 이루어진 분지상의 아밀로펙틴으로 되어 있다. 곡류 중 멥쌀, 밀, 옥수수의 전분은 20~25%의 아밀로스와 75~80%의 아밀로펙틴으로 구성되어 있다. 찹쌀, 차수수, 찰옥수수의 전분은 아밀로펙틴 98~100%로 이루어진 찰전분으로 되어 있으며, 아밀로스 함량이 30% 이상인 고아밀로스쌀이나 90%의 아밀로스를 90% 함유한 고아밀로스옥수수전분이 있다. 아밀 로펙틴이 많을수록 호화된 전분은 끈기가 있고 노화가 늦게 일어나며 아밀로스가 많으면 묵과 같은 겔을 형성하지만 빨리 굳는 성질이 있다.

표 2-1에는 전분을 구성하는 아밀로스와 아밀로펙틴의 특성을 제시하였다.

표 2-1 ▸▸ 전분의 아밀로스와 아밀로펙틴의 특성

구분	아밀로스	아밀로펙틴
구조	글루코스로 구성된 직선상 구조	글루코스로 구성된 직선상 구조에 글루코스 20~25개 단위로 α-1,6결합으로 연결된 가지 구조
결합	α-1,4결합	α-1,4결합과 α-1,6결합
아이오딘 정색반응	청색	적자색
분자량	10,000~400,000	4,000,000~20,000,000
나선구조(helix)	글루코스 6~8개 단위로 한 번 회전하는 나선구조	나선구조 없음
내포화합물	형성함	형성하지 않음
가열 변화	불투명	투명, 끈기 있음

2) 전분의 가열 특성

전분 입자는 물이 충분한 조건에서 비결정성amorphous 부분에 물을 흡수하여 팽창하는데 이를 팽윤이라 한다. 팽윤은 가역적이나 가열에 의해 결정형 부분도 비결정성으로 바뀌는데 이를 호화라고 한다 그림 2-1. 호화된 전분은 투명해지고 점도가 증가하며 효소작용이 용이해진다. 호화된 전분의 수분 함량이 30~60%일 때 전분 분자는 재결정화가 일어나는데 이를 노화라고 한다. 노화는 냉장온도에 가까울수록 잘 일어나며 경도가 증가한다. 전분을 건열처리하면 호정화되어 덱스트린dextrin으로 분해되

그림 2-1 ▸▸ 가열에 의한 전분 입자의 변화

면 물에 잘 풀어지며, 점성은 낮아지고 효소작용도 받기 쉽다.

3. 곡류의 종류와 형태

1) 종류

곡류에는 쌀, 찹쌀, 밀, 옥수수, 보리, 수수, 귀리, 메밀, 호밀 등이 포함된다. 최근 고대 문명지에서 발견된 아마란스, 퀴노아 같은 유사 곡류에 관한 관심이 증가하고 있다. 곡류는 대부분 낟알이나 가루로 처리한 원료로 조리하여 섭취한다. 주요 곡류를 소개하면 그림 2-2와 같다.

그림 2-2 ▸▸ 곡류의 종류와 형태

(1) 쌀

벼에서 왕겨를 벗긴 현미, 현미에서 쌀겨와 쌀눈을 제거하여 맛과 소화율을 높인 백미, 현미지만 쌀겨층에 색소를 함유한 유색미 등이 있다. 우리나라, 일본, 대만에서는 중립종과 단립종의 자포니카쌀을 선호한다.

(2) 보리

보리에는 겉보리와 쌀보리가 있다. 겉보리는 외피가 단단하고 분리가 어려워 볶아서 보리차나 발아시켜 엿기름으로 사용한다. 쌀보리는 겉껍질이 잘 벗겨지며, 벗긴 것을 현맥이라 한다. 보리 중앙 깊은 골에 식이섬유가 많아 소화율이 낮다. 보리는 도정 후 물에 담가 불려서 압맥으로 만들거나 홈을 따라 쪼개 할맥으로 판다.

(3) 밀

외피를 벗긴 밀 입자를 현소맥이라 하지만 대부분의 밀은 제분하여 밀가루를 만든다. 밀가루는 단백질 함량에 따라 강력분, 중력분, 박력분으로 구분하고, 강력분은 빵, 박력분은 케이크를 만드는 데 사용한다. 밀가루에 있는 단백질인 글리아딘gliadin과 글루테닌glutenin은 물을 넣고 반죽하면 글루텐gluten을 형성하며, 점탄성viscoelasticity과 신장성extensibility을 가져 빵을 부풀게 한다.

(4) 잡곡

벼와 맥류를 제외한 모든 작물을 잡곡이라 하며 옥수수, 조, 기장, 수수, 메밀 등이 속한다.

① 옥수수: 환경 적응성이 강하며, 세계 생산량이 가장 많은 곡류이다. 세계 제1의 사료작물로 다양한 품종을 육종하여 사용하고 있으며 경제적인 작물이다.

② 조: 재배 역사가 긴 작물로서 동양권에서 많이 재배한 오곡 중의 하나이다. 메조와 차조가 있으며, 차조를 밥에 넣는다.

③ 기장: 국내에서는 수확량이 적고 주식으로 이용하기 어려워 적게 재배되고 있다.

④ 수수: 건조지대에 많이 재배하는 잡곡으로, 환경에 대한 적응성이 강하다. 아프리카, 미국이 세계 수수 재배의 중심을 이루고 있으나 국내에는 재배가 그리 많

지 않다.

⑤ 메밀: 서늘한 기후의 산간이나 북부 지역에서 많이 재배하는 메밀은 묵이나 냉면 등 특수 용도를 가진다. 내한성과 흡비력이 강하여 건조지나 박토에도 재배가 쉽고, 병충해도 적어 수량이 적지만 전국에 널리 재배되고 있다.

⑸ 유사 곡류

① 아마란스: 남미 안데스 고산지대에서 자라며 필수아미노산을 함유한 단백질을 비롯해 스쿠알렌, 폴리페놀, 토코트리엔올 등 산화 방지·항암 성분도 다량 함유되어 있다. 혈당을 조절하고 피를 맑게 해주며 당뇨, 고혈압, 고지혈증에 좋은 식품으로 알려져 있다. 라이신이 간 기능 개선과 칼슘 흡수를 돕는다고 알려지면서 이유식과 생활습관병 예방식품으로 부상하고 있다.

② 퀴노아: 안데스 지역이 주요 산지이며 단백질이 아주 풍부하고, 칼슘, 식이섬유, 무기질 등이 많이 함유되어 있으며 완전단백질로 알려져 있다. 퀴노아는 우유와 유사한 아미노산 구성을 가지고 있어 아토피피부염 때문에 우유나 달걀을 먹을 수 없는 이들에게 대체식품으로 추천되고 있다.

2) 구조와 특징

곡류의 낟알은 외피, 배유, 배아로 구성되며 외피 쪽으로 갈수록 식이섬유, 단백질, 무기질이 많이 함유되었고, 배유에는 전분, 배아에는 지방질이 들어 있다. 메밀을 제외한 곡류는 화본과에 속하여 거의 유사한 구조를 구성한다. 그림 2-3은 벼와 밀 낟알의 구조이다.

외피는 낟알을 싸고 있는 맨 바깥층을 말하며 5% 정도 차지하고, 배유는 낟알의 중심부로 약 83%를, 배아는 아래에 위치하며 싹이 나서 식물체를 이루는 부분으로 낟알의 2~3%를 차지한다. 최근 식이섬유는 물론 영양 성분 및 기능성분이 높은 곡류 섭취를 위해 전곡whole grain으로 조리 및 가공하도록 권하고 있다.

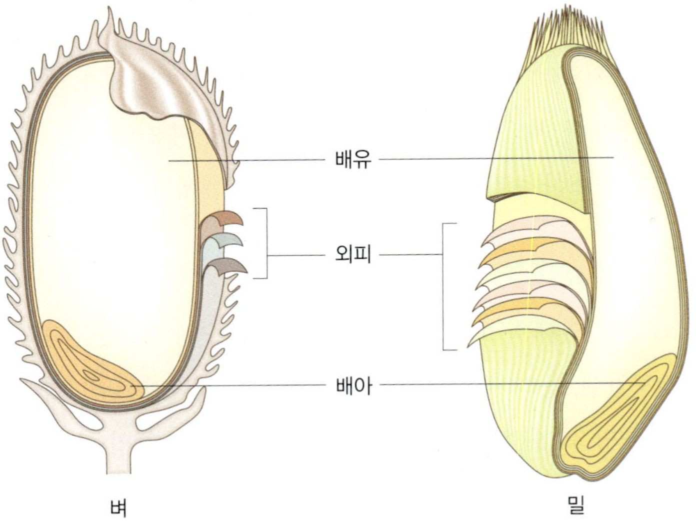

그림 2-3 ▸▸ 벼와 밀 낟알의 구조

3) 구성 성분

곡류의 종류에 따라 성분이 차이를 보이나 배유를 구성하는 주성분은 저장 탄수화물인 전분으로 전체의 70~80%를 차지하며, 단백질은 7~13% 정도, 지방질과 무기질은 2% 내외, 비타민 B가 함유되어 있다.

(1) 수분

곡류는 수확 후 건조하여 안전하게 저장하기 위하여 12~14%의 수분 함량을 갖도록 한다. 미생물에 대해 안정적이나 우기에 습도가 높아지거나 햅쌀의 건조가 잘 안 되면 곰팡이가 자라기 좋은 조건이 된다. 최근 쌀은 미곡종합처리장에서 도정할 때 완전미 수율을 높이기 위해 수분 함량은 15~16%로 조절하고 있어 저장할 때 저온 또는 냉장온도에서 보관해야 안전하다.

(2) 탄수화물

저장 탄수화물인 전분 함유량으로 인해 세계 대부분의 나라에서 곡류를 주식으로 사용하고 있다. 전분은 배유에 들어 있으며 물이 충분한 조건에서 가열하였을 때 체내에서 소화되기 쉬운 형태로 되므로 가열조리하여 섭취한다. 외피에 함유된 식이섬유의 섭취를 위해 전곡으로 이용하도록 하고 있다.

(3) 단백질

단백질은 용해도에 따라 알부민albumin, 글로불린globulin, 프롤라민prolamine, 글루텔린glutelin으로 구분하는데, 곡류에는 대부분 불용성 단백질인 프롤라민과 글루텔린이 들어 있다. 특히 밀을 비롯한 맥류에는 부풀게 하는 성질을 갖는 글루텐을 형성할 수 있다.

(4) 지방질

곡류에는 배아를 제외하고는 지방질 함량이 매우 낮으며, 배아에는 불포화지방산이 함유되어 있어 공기 중에 노출되면 쉽게 산화되어 품질이 저하된다.

(5) 기타

무기질이나 비타민은 주로 낟알의 바깥층에 들어 있어 쌀을 백미로 도정하거나 밀을 제분하여 밀가루를 얻으면 무기질과 비타민 함량은 극히 적다.

4. 쌀과 쌀가루

쌀은 밀과 함께 세계 3대 작물이며 우리의 주식으로 사용하고 있다. 우리나라를 비롯한 동북아 국가인 일본과 중국 일부에서는 자포니카형의 중·단립종, 동남아시아 등의 대부분 아시아 지역에서는 인디카형의 장립종을 생산하고 있다 그림 2-4. 주식으로는 낟알 형태로 밥을 지어 먹으며, 쌀을 이용한 가공식품도 원료 쌀에 따라 다른 특성을 보이고 있다.

장립종 중립종 단립종

그림 2-4 ▸▸ 쌀의 형태에 따른 분류

1) 쌀의 종류

(1) 품종과 구성 성분

일반계 쌀인 자포니카형 쌀로 밥을 했을 때는 찰기와 윤기를 갖고 있지만, 통일계의 인디카형 쌀은 부슬거리며 찰기와 윤기가 없다. 밥맛이 좋은 쌀을 육종할 때는 아밀로스 함량과 단백질이 낮도록 한다. 전분을 구성하는 아밀로스와 아밀로펙틴 함량에 따라 아밀로스가 0%에 가까우면 찹쌀, 10% 내외면 반찰, 15~20%이면 일반 멥쌀, 27% 이상이며 고아밀로스쌀로 구분한다. 멥쌀은 도정 후 투명하며 찹쌀은 불투명하여 흰색으로 보인다 그림 2-5.

(2) 쌀의 도정도

쌀은 벼의 외피를 벗기는 제현과정을 거친 현미와 현미를 8% 도정한 백미로 나누며, 도정률에 따라 5분도미, 7분도미, 10분도미, 12분도미로 나눌 수 있다 그림 2-6. 유색미는 현미로 안토사이아닌을 함유한 흑미, 탄닌을 함유한 적미, 클로로필을 함유한 녹미 등으로 나누며, 각 유색미도 아밀로스 함량에 따라 찹쌀과 멥쌀로 나눈다 그림 2-7.

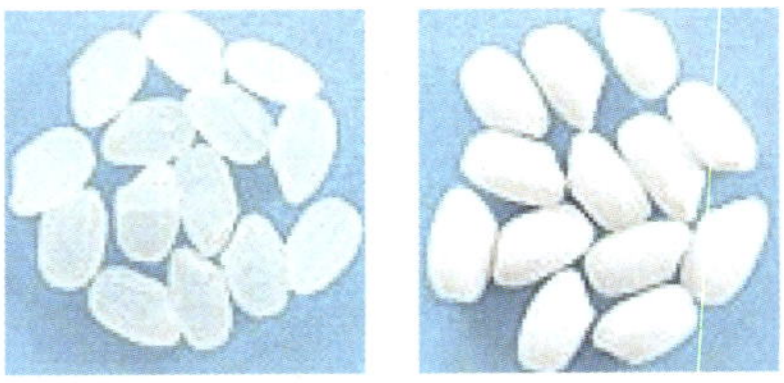

멥쌀 찹쌀

그림 2-5 ▶▶ 쌀 전분의 아밀로스 함량에 따른 분류

3분도미 5분도미 7분도미 백미

그림 2-6 ▶▶ 쌀의 도정도에 따른 분류

현미 적미 녹미 흑미

그림 2-7 ▸▸ 유색미의 종류

설갱벼 일품벼 일품 고아미2호 백진주

그림 2-8 ▸▸ 특수 목적으로 육종한 쌀들

(3) 기타

육종에 의해 새롭게 개발된 쌀을 특수 목적에 따라 구분하는데 쌀이 함유한 영양성분, 기능성분, 배아의 크기, 쌀알의 구조 등이 영향을 준다. 아미노산을 높인 하이아미, 영안벼, 식이섬유를 높인 고아미, 배아를 크게 한 거대배아미, 멥쌀인데 공간을 넓게 해 뿌연 찹쌀과 같은 설갱벼 등이 있다 그림 2-8.

2) 쌀가루의 종류

(1) 제분방법

전통적으로 쌀로 가공한 떡과 한과는 쌀가루로 만들었는데 이 쌀가루는 찹쌀과 멥쌀 백미를 수세 후 물에 담갔다가 방앗간에서 롤밀roll mill로 빻아 만든 것은 쌀가루이다. 쌀 제분방법에는 도정한 쌀을 그대로 가루로 만드는 건식제분과 물에 담가 젖은 쌀을 제분하는 습식제분이 있는데, 우리가 사용한 젖은 쌀가루는 습식제분의 일종이다.

(2) 제분방법과 쌀가루

밀과는 달리 쌀은 배유부분이 매우 단단하게 결합되어 건식제분으로 곱게 빻기가 어렵다. 건식쌀가루는 물을 침투하기 어렵기 때문에 조리나 가공에 사용하려면 수침하여 제분한 쌀가루를 사용한 전통적인 방법을 사용해야 한다. 그러나 젖은 쌀가루는 저장, 유통의 문제가 있으므로 건조나 분쇄 등의 과정을 거쳐 마른 쌀가루로 제조되어야 한다.

3) 밀가루 대체용 쌀가루

(1) 쌀가루의 제조

밀가루처럼 가공성이 우수하고 마른 쌀가루를 제조하기 위해 새로운 제분방법이 개발되었다.

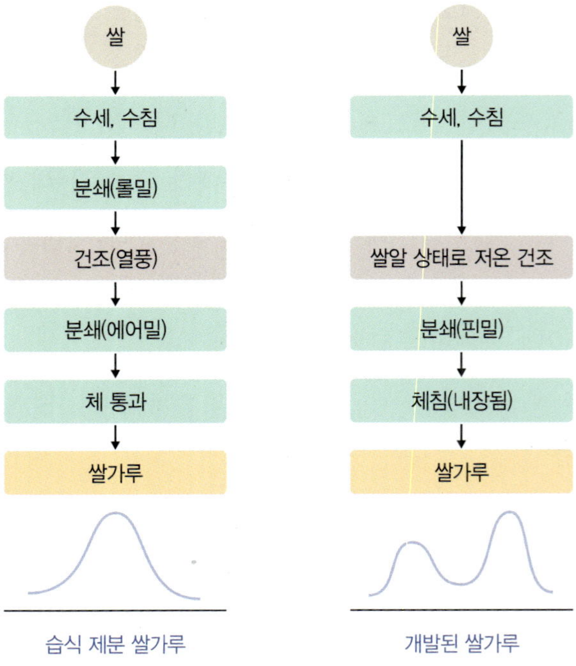

그림 2-9 ▸▸ 밀가루 대체용 쌀가루 제조공정 비교

가공성이 우수한 습식제분 쌀가루로 마른 쌀가루를 제조하기 위해 젖은 쌀가루를 열풍건조하고 이를 다시 곱게 빻기 위해 에어밀을 사용하는 방법으로 대부분 반자동화공정이 이루어져 있다. 이때 생산된 쌀가루는 열풍에 의해 전분이 호화되어 손상되고 너무 곱게 일정한 크기의 가루 입자로 되어 있어 가공성이 떨어져 글루텐을 첨가하지 않고는 베이커리 제품 제조가 어렵다. 새롭게 개발된 쌀가루는 밀가루와 유사한 입자 크기 및 분포로 되어 있고, 저온 건조에 의해 전분이나 단백질의 열손상이 없어 가공성이 좋으므로 밀가루 대체용 쌀가루로 사용이 가능하다.

4) 밀가루 대체 쌀가루제품

(1) 베이커리 제품

밀가루의 글루텐의 문제는 밀가루 대체용 쌀가루로 베이커리 제품, 국수, 만두, 수제비, 부침가루, 튀김가루, 파스타 등을 제조할 수 있어야 의미가 있다.

베이커리 제품은 이스트를 팽창제로 한 도우dough를 사용하여 글루텐이 중요한 역할을 하는 발효빵과 글루텐의 역할이 크지 않은 배터batter로 만드는 케이크나 쿠키 등으로 구분할 수 있다. 배터 반죽은 박력분이나 중력분을 사용하며, 글루텐 형성보다는 전분과 첨가물질이 중요하게 작용하므로 개발된 쌀가루로 조리방법을 조절하여 밀가루를 100% 쌀가루로 대체할 수 있다. 최근 농촌진흥청 국립식량과학원에서는 분질배유로 알려진 가루미 품종을 육성하여 건식제분으로 경제성 있는 쌀가루 제조가 가능하도록 하여 쌀가공에 편리성을 제공하고 있다.

그림 2-10 ▸▸ 개발된 쌀가루로 제조한 글루텐 프리 쌀 베이커리 제품들

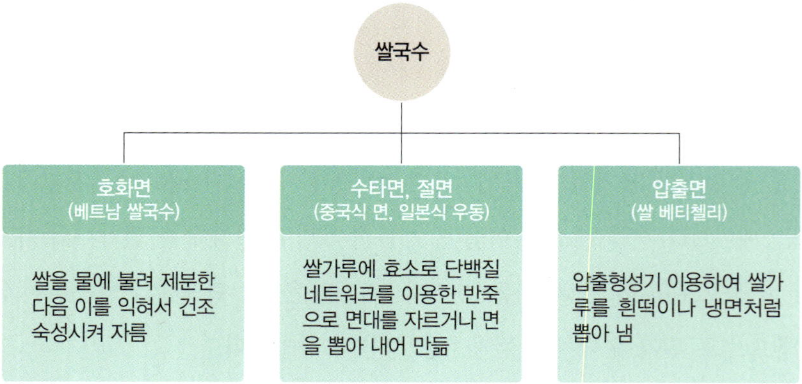

그림 2-11 ▸▸ 쌀국수의 종류와 만드는 방법

(2) 제면

국수는 우리나라, 일본, 중국에서 주로 먹는 수타면과 절면, 베트남 등 동남아에서 호화시켜 만드는 호화면, 압출성형기를 이용하여 만드는 압출면(사출면)으로 구분할 수 있다.

각 국수의 특징을 살펴보면, 호화면은 쌀풀을 얇게 익혀 건조 숙성 후 자른 것이므로 더운물을 부으면 바로 먹을 수 있고, 물이 묻으면 끈끈하게 붙는 성질이 있다. 압출면은 스파게티, 냉면이나 가래떡처럼 압출성형기를 이용하여 만들기 때문에 오래 가열

그림 2-12 ▸▸ 쌀국수의 종류에 따른 모양

해야 하며, 물이 묻으면 달라붙는 특성이 있어 국수를 삶을 때 면발이 떨어지도록 저어 주어야 한다. 반면에 반죽을 손이나 기계로 면대를 만들어 절단하거나 손으로 늘여서 면발을 만드는 수타면과 절면은 반죽에 글루텐과 같은 네트워크가 형성되어야 하고 전분 입자가 밖으로 용출되지 않아야 한다. 모두 글루텐 프리 쌀국수이지만, 맛, 품질, 조직감은 모두 다르기 때문에 적당한 방법으로 선호하는 국수를 제조할 수 있어야 한다. 그림 2-12에 현재 시판하는 쌀국수, 호화면, 압출면과 일본식 우동과 같이 개발된 쌀우동을 제시하였다. 쌀우동은 찹쌀가루로는 제조가 어렵고 보통 멥쌀이나 고아밀로스 쌀가루로는 모두 제조가 가능하며 품질도 우수하다.

5) 기타

쌀가루로는 전통적으로 만들어 먹던 떡을 모두 제조할 수 있으며, 전을 만들 때 쌀가루는 손에 붙지도 않고 기름의 흡유량도 적어 밀가루를 대체할 수 있다. 약과에 찹쌀가루를 밀가루의 75%까지 대체하였을 때 켜가 잘 발달된 전통약과 제조가 가능하고 피자 도우, 만두피, 수제비 등의 제조가 가능하다.

즉, 밀가루 대체용 쌀가루는 다양한 용도에 쓰임이 가능하며, 백미 외에도 현미, 유색미, 쇄미, 고미 등으로 쌀가루 제조와 이를 이용한 제품을 제조할 수 있다.

5. 밀과 밀가루

1) 밀의 종류

밀은 단백질 함량에 따라 경질밀과 연질밀로 구분하며, 낟알의 외피가 6층의 식이섬유로 이루어져 껍질을 벗기기 어려우므로 가루로 제조하여 사용하였다. 밀알에 템퍼링 tempering 처리를 하여 롤밀로 제분한다. 배유의 전분부터 가루화되며, 외피 쪽의 단백질, 무기질 함량이 높은 부분이 분쇄되어 적절한 단백질을 가지도록 배합하여 밀가루로 사용한다. 듀럼밀durum wheat은 파스타 제조에 적합한 밀이며, 국내에서 재배되는 우리밀은 대부분이 연질밀로 제빵성이 떨어진다.

2) 밀가루

(1) 밀가루의 종류

밀가루로는 단백질 함량에 따라 강력분, 중력분, 박력분으로 나눈다. 강력분은 단백질 함량이 13% 정도로 빵을 만드는 데 사용되며, 박력분은 8~9%의 단백질을 함유하며 케이크나 과자를 만드는 데 사용된다.

(2) 밀가루의 구성 성분

밀가루는 수분 함량을 14% 기준으로 모든 배합비를 정한 레시피를 사용하여 빵을 제조한다. 밀가루 가공성은 반죽에서 형성된 글루텐에 의해 좌우되므로 용도에 따라 밀가루 단백질 함량이 중요하다. 밀가루에 가장 많이 함유된 성분인 전분은 글루텐으로 만들어진 그물망 구조 내부에 들어 있어 가열에 의해 호화되면서 내부 구조를 만

그림 2-13 ▸▸ 밀가루 종류에 따른 글루텐 형성

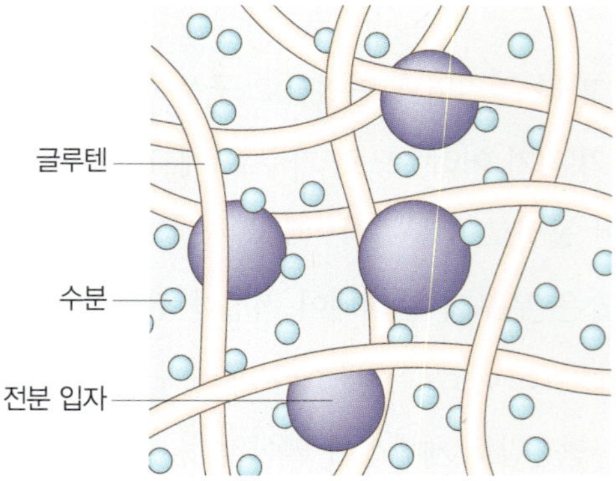

그림 2-14 ▸▸ 도우 반죽에서 전분 입자와 물 및 글루텐 망 구조

BOX 2

셀리악병과 글루텐 프리 식품

셀리악병은 유전적 자가면역 질환으로 글루텐이 위장관에서 면역 반응을 일으켜 소화기관 점막세포에 염증이 생겨 융모가 손상되기 때문에 영양분을 흡수할 수 없는 알레르기 질환이다.
생후 2주 된 영아부터 1년 정도 된 유아에게서 대부분 나타나지만, 유전적 소인을 가진 사람과 수술이나 임신 및 출산, 바이러스 감염, 심한 정신적 스트레스와 같은 유발 요인에 의해 발병하는 것으로 추정된다.
이 경우 치료방법은 없으며 글루텐 프리 식품을 섭취해야 하는데, 글루텐은 밀, 보리, 호밀 등 맥류에 들어 있어 이런 식품의 섭취를 금해야 한다.

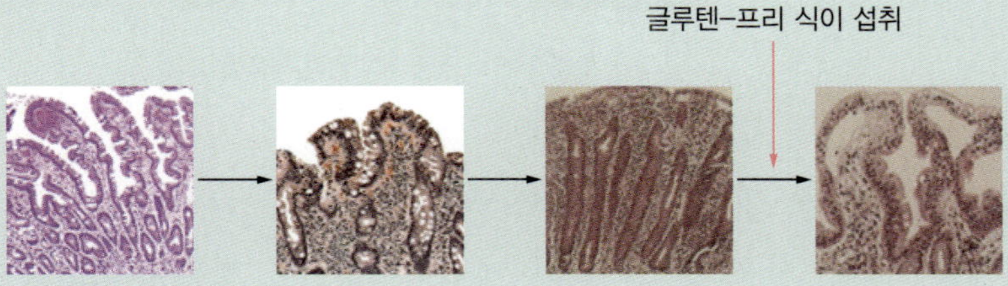

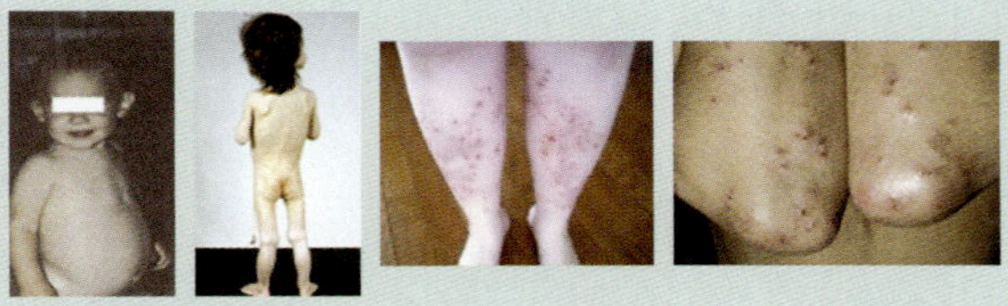

든다 그림 2-14.

(3) 밀가루 글루텐

밀가루 제품을 섭취하였을 때 속이 더부룩하거나 복부 팽창, 설사, 복통과 피부 질환 등 다양한 증상이 나타나며, 심하면 아나필락시스anaphylaxis 쇼크가 나타날 수 있는데 그 원인이 글루텐에 있음을 확인하였다. 밀을 주식으로 하는 나라 인구의 1% 정도가 셀리악병 환자이며 심한 증상이 나타난다. 글루텐 프리 식품 섭취로 건강한 삶을 유지할 수 있다고 알려져 있다.

3) 베이커리 제품

밀가루는 빵과 케이크, 쿠키 등 다양한 베이커리 제품을 만들 수 있는데, 이때 제품 종류에 따라 첨가하는 부재료와 조리방법이 다르다. 일반적으로 글루텐 형성이 구조

그림 2-15 ▸▸ 각종 베이커리 제품들

에 중요한 영향을 끼치는 빵의 경우 도우 반죽으로 만들며, 액체 반죽인 배터 반죽은 베이킹파우더를 사용하는 케이크류 제조에 사용한다. 빵류의 구조 형성에는 글루텐이 중요하며 케이크류는 전분의 호화와 부재료의 역할이 중요하다.

4) 제면

밀가루로는 일본식 우동Japanese salted noodle, 중화면Chinese alkaline noodle, 라면ramen, 파스타pasta, 만두피, 수제비 등 다양한 국수를 제조할 수 있다. 밀가루가 주원료로 여기에 소금 또는 알칼리제를 가하여 만들기 때문에 국수 반죽에 점탄성과 신장성을 부여하는 글루텐의 역할이 매우 중요하다.

밀가루로 만드는 국수는 스파게티나 파스타 같은 압출면, 일본식 우동과 같은 소금을 첨가하여 만든 국수, 중국식 면과 같이 알칼리제를 첨가하여 만든 국수, 즉석국수로 수증기로 익히고 유탕 처리 또는 그대로 건조한 라면, 국수를 제조한 다음 건조하지 않은 생면 등이 있다.

5) 기타

밀가루로는 치는 떡인 가래떡, 떡볶이떡, 쫄면 등 압출 성형을 이용한 제품을 만들기도 하며, 막걸리 원료, 고추장 및 장류에도 쓰인다. 밀가루의 전분과 단백질을 분리하여 소재로 사용하기도 한다.

3 고기, 생선, 달걀 및 콩류

고기, 생선, 달걀 그리고 콩류에는 다양한 영양소가 함유되어 있는데, 특히 단백질이 많이 들어 있다. 단백질은 우리의 생명 유지에 필수적인 영양소로 근육이나 장기를 구성함은 물론 효소와 호르몬 구성, 영양소 운반작용, 인체 방어작용 등을 통해 인체의 기능을 건강하게 유지하는 역할을 한다. 그러므로 정상적인 성장 및 체내 기능 유지를 위해서는 식품을 통해 단백질을 충분히 섭취하는 것이 중요하다. 단백질은 여러 식품 속에 함유되어 있는데, 고기류나 생선류에 약 20%, 달걀류에 13%, 콩류에 20% 이상 함유되어 있다.

1. 단백질의 종류와 기능

1) 구성단위

인체는 아미노산amino acid을 이용하여 유전정보에 따라 독특한 구조의 펩타이드 결합을 형성함으로써 다양한 단백질protein을 만든다 그림 3-1. 아미노산은 체내 단백질을 구성하는 기본단위로 탄소, 수소, 산소 및 질소로 구성되어 있다. 인체에는 20개의 아미노산이 존재하는데 표 3-1, 그중 9종은 체내에서 합성되지 않거나 충분한 양이 합성되지 않으므로 식사를 통해 반드시 섭취해야 하며, 이를 필수아미노산essential amino acid이라 한다. 인체의 조직을 제대로 합성하기 위해서는 여러 아미노산이 필요하므로, 필수아미노산 중 한 가지만 부족하여도 정상적으로 인체 조직의 합성이 이루어지지 않기 때문에 충분히 공급해야 한다. 필수아미노산의 부족은 성장기에는 성장 지연을

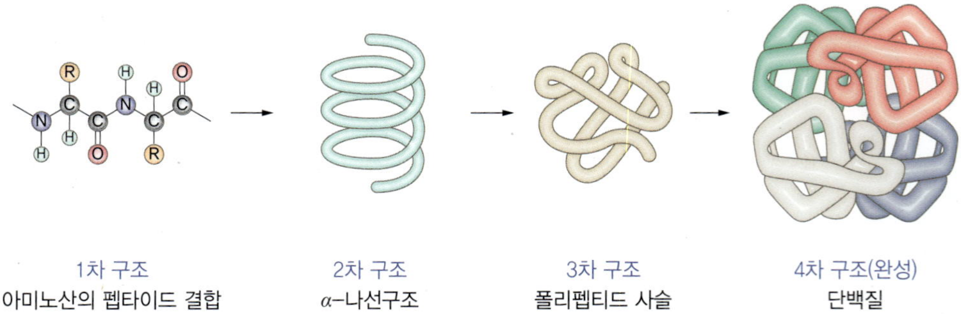

그림 3-1 ▸ 단백질의 구조

표 3-1 ▸▸ 아미노산의 종류

필수아미노산	불필수아미노산	조건적 필수아미노산
메티오닌 류신 이소류신 발린 라이신 페닐알라닌 히스티딘 트레오닌 트립토판	알라닌 아스파르트산 아스파라긴 글루탐산 세린	아르기닌 시스테인 티로신 글루타민 글라이신 프롤린

유발하고, 성인기에는 체중 감소를 초래한다. 한편, 체내에서 합성이 가능한 아미노산을 비필수아미노산non-essential amino acid이라고 하며, 체내에서 합성이 되지만 합성량이 체내 요구량을 충족시키지 못하여 식이를 통한 공급이 필요한 경우가 있는 아미노산을 조건적 필수아미노산이라고 한다. 체내 단백질 합성을 위해서는 필수아미노산과 비필수아미노산 그리고 조건적 필수아미노산이 모두 필요하다.

2) 종류

식품 단백질은 함유된 필수아미노산의 조성에 따라서 완전단백질과 불완전단백질로 분류된다. 필수아미노산 조성이 체내 단백질 합성에 적합한 비율로 조성되어 인체의 성장과 유지에 효율이 높고, 질이 좋은 단백질을 완전단백질이라 한다. 동물성 단백질과 콩류가 이에 속하며, 특히 달걀에 함유된 단백질의 아미노산 조성은 체조직 합성에 가장 효율적이다. 콩을 제외한 식물성 단백질은 부분적 불완전단백질인데, 곡류는 비교적 좋은 필수아미노산 조성을 가지고 있지만 라이신이라는 필수아미노산이 부족하므로 곡류만 먹으면 체내 필요한 필수아미노산을 충분히 제공하지 못한다. 젤라틴과 옥수수는 필수아미노산이 많이 부족한 불완전 단백질이므로 질이 낮은 단백질 식품이다.

그러나 우리는 다양한 식품을 섭취함으로써 필수아미노산 균형을 맞출 수 있다. 완전단백질이 아니더라도 필수아미노산 조성이 다른 두 개의 단백질을 함께 섭취하여 서

표 3-2 ▸ 식품 단백질의 상호 보완 효과

식품	부족한 아미노산	단백질의 질 상호 보완 효과
곡류	라이신, 트레오닌	콩과 쌀밥
콩류	메티오닌	두부와 쌀밥
채소	메티오닌	나물과 쌀밥
옥수수	트립토판, 라이신	옥수수와 달걀을 섞은 볶음밥

로의 제한점을 보충해 줌으로써 단백질의 질을 상호 보완할 수 있다 표 3-2. 콩밥을 먹으면 쌀이 콩에 부족한 메티오닌을 보강해 주고, 콩은 쌀에 부족한 라이신을 공급하여 두 식품의 단백질을 모두 효율적으로 활용할 수 있게 된다. 일상 식사에서 다양한 식품을 섭취할수록 단백질의 상호 보완 효과는 커진다.

3) 기능

단백질은 근육, 뼈, 피부, 결체조직 등의 체조직을 형성하므로 신체의 성장과 유지에 매우 중요하다 그림 3-2. 인체 단백질의 절반 정도는 구조 단백질인 콜라겐collagen, 근육 단백질, 인대 등을 구성하므로 임신기나 성장기 등 새로운 조직이 합성되는 시기에는 단백질의 요구량이 늘어나 단백질을 충분히 섭취해야 한다.

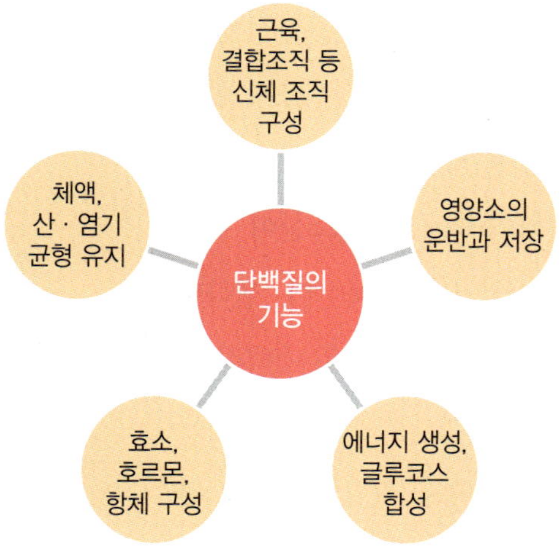

그림 3-2 ▸ 단백질의 기능

혈액 단백질, 영양소 운반 단백질, 효소, 호르몬 등이 모두 단백질로 이루어져 있어 단백질은 인체 기능 조절에 필수적이다. 또한 세균이나 바이러스 같은 항원에 대응하여 단백질이 항체를 합성함으로써 인체의 면역작용에 관여한다. 그러므로 단백질의 섭취가 부족하면 체내에서 항체가 잘 만들어지지 않아 질병에 대한 저항력이 약해진다.

단백질은 체액의 평형을 유지시킨다. 특히 혈액 단백질인 알부민은 체액의 균형 유지에 관여하므로, 알부민이 부족하게 되면 수분이 혈관 안으로 원활히 회수되지 못하고 세포 조직 사이에 잔류되어 부종이 나타난다.

한편, 충분한 양의 탄수화물을 섭취하지 않으면 체조직 단백질이 분해되어 생성된 아미노산을 글루코스로 전환시켜 뇌의 에너지원으로 사용한다. 그러므로 탄수화물로부터 충분한 에너지를 공급받지 않으면 근육조직이 소모되어 체력이 저하된다.

2. 단백질의 필요량과 섭취 불균형

1) 필요량

단백질의 필요량은 생애주기에 따라 달라진다. 몸 안에 새로운 조직이 형성되는 시기인 성장기와 임신기, 그리고 질병 회복기에는 체조직에 단백질이 보유되기 때문에 단백질을 더욱 충분히 섭취하는 것이 필요하다. 한편, 성장이 끝난 건강한 성인의 경우에는 체조직을 유지하고 보수하는 데 필요한 양을 섭취하면 되므로 소변, 대변, 피부, 머리카락, 손톱 등으로 배설되는 양에 해당하는 단백질을 섭취하면 된다.

2020 한국인 영양소 섭취기준에 의한 성인의 단백질 권장섭취량은 남녀 모두 체중 kg당 0.91 g/kg 체중/일로 책정하여 성인 남자는 하루에 65 g, 성인 여자는 55 g을 섭취하도록 권장하고 있다.

2) 섭취 불균형

에너지와 단백질의 영양결핍증은 유아기를 비롯한 성장기 어린이들에게서 주로 발생한다 그림 3-3. 주로 개발도상국가의 유아나 성장기 어린이들에게서 단백질과 에너지가 부족한데, 특히 단백질 부족이 심한 경우에 단백질 결핍증으로 인한 병적 증상이 나타난다. 이를 콰시오커kwashiokor라고 하는데 결핍 초기에는 성장 감소, 피부의 탄력 저하 및 부스럼, 빈혈, 식욕 부진, 면역력 약화 등이 나타나고, 더 진전되면 부종, 복부 팽만, 간비대증이 생긴다. 콰시오커는 양질의 고단백질을 제공하는 적절한 식사를 통해 치료가 가능하다. 성인의 경우 단백질 결핍증은 주로 알코올 과다 섭취로 인해 식사를 소홀히 하는 경우에 나타나는데, 간의 지방 축적이 높아져서 지방간이나 간경변증을 유발할 수 있다.

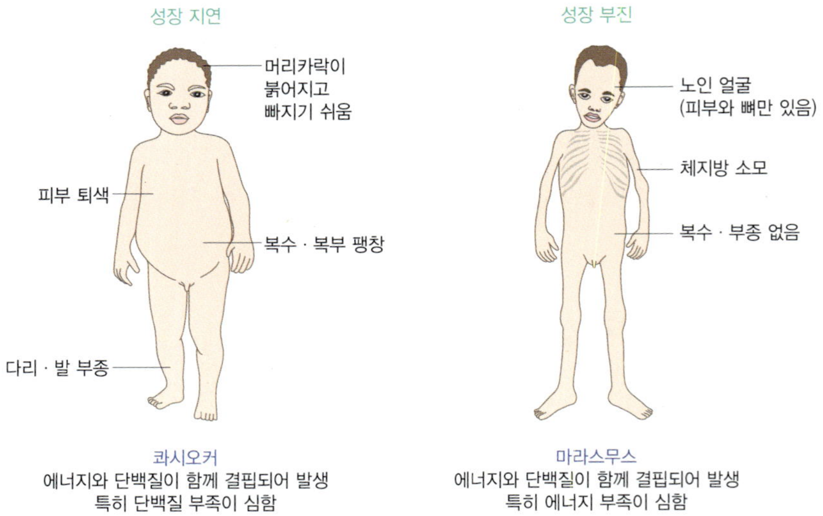

그림 3-3 ▸▸ 콰시오커와 마라스무스 비교

마라스무스marasmus는 에너지와 단백질이 모두 부족한 기아 상태에서 특히 에너지 부족이 심한 경우에 나타나는 병적 증상이다. 마라스무스 환자는 체지방이 거의 없어 심하게 마른 모습을 보이는데, 피부나 간의 기능은 정상으로 나타난다. 고단백질과 고에너지 식사로 회복이 가능하다.

한편, 단백질의 섭취가 과다한 경우에는 에너지원으로 쓰이고 남은 단백질이 지방으로 전환되어 체지방으로 축적되어 살이 찌기도 한다. 특히, 동물성 식품으로 단백질을 과다 섭취할 경우에는 소변을 통해 칼슘이 배설되어 체외로 칼슘의 손실이 많아진다. 따라서 동물성 단백질을 많이 섭취하는 사람이 칼슘을 충분히 섭취하지 않고 운동도 부족한 경우에는 골다공증 발생 위험이 높아진다. 선진국의 경우에는 동물성 단백질 식품의 과다 섭취가 단백질 부족보다 더 큰 문제를 일으킨다.

3. 단백질 급원식품

고기, 생선, 달걀과 같은 동물성 식품은 우수한 단백질 급원이며 표 3-3 철과 같은 무기질도 많이 함유한 영양가 높은 식품이지만, 이들 식품에는 포화지방과 콜레스테롤이 함유되어 있다. 그러므로 콩 등의 식물성 단백질 급원식품을 함께 골고루 섭취하는 것이 중요하다.

1) 고기

고기meat는 양질의 단백질과 지방질, 비타민, 무기질 등의 영양소를 공급하는 식품이다. 고기의 단백질 조성은 20% 정도이고 지방질 조성은 1~28%로 다양하며, 탄수화물은 미량 존재한다.

쇠고기

돼지고기

닭고기

(1) 단백질

고기는 단백질 함량이 14~23%로 평균 20% 정도인 고단백질 식품이며, 필수아미노산을 충분히 함유하고 있고 소화·흡수되는 비율이 식물성 단백질에 비하여 높다. 그러므로 인체에서 효율적으로 사용하여 단백질의 여러 기능을 할 수 있는 양질의 단백질 식품이다. 고기의 단백질은 근육조직에 근섬유 단백질(액틴, 미오신)로 주로 존재하고 있지만, 그 외에도 콜라겐이나 엘라스틴 같은 질긴 결합조직을 구성하고 있다. 결합조직 단백질은 필수아미노산 조성이 좋지 않고 소화·흡수가 잘 안 되므로 영양적 가치가 낮은 편인데, 콜라겐은 물과 함께 장시간 가열하면 수용성이 되어 소화가 용이한 젤라틴gelatin으로 변한다.

단백질의 생물가

식품의 단백질이 체내로 흡수된 후에 얼마나 효율적으로 체단백질로 전환되었느냐를 측정한 것이므로 생물가(biological value)가 높을수록 양질의 단백질이라고 할 수 있다. 일반적으로 동물성 단백질은 생물가가 높아 양질의 단백질이라 할 수 있는데, 달걀의 생물가가 가장 높다.

각 식품의 생물가(최대값 100)

달걀 : 94, 우유 : 84, 생선 : 76, 소고기 : 75, 대두 : 71, 밀가루 : 58

표 3-3 ▸ 식품의 단백질 함량

식품군	식품	1인 1회 분량	중량(g)	단백질(g)
고기, 생선, 달걀, 콩류	쇠고기(안심)	1접시	60	12.5
	돼지고기(앞다리)	1접시	60	9.8
	닭고기	1접시	60	11.4
	가자미(생것)	1토막(소)	60	13.3
	고등어(생것)	1토막(소)	60	12.1
	조기(생것)	1토막(소)	60	11.0
	오징어(생것)	1토막(소)	80	15.7
	새우(생것)	1접시	80	17.6
	오징어(말린 것)	1토막(소)	15	10.2
	달걀(생것)	1개(중)	60	7.6
	검은콩	2큰술	20	7.0
	두부	1/5모	80	7.4
	땅콩	1/10컵	10	2.5
	아몬드	7개	10	1.9
곡류, 전분류	쌀밥(백미)	1공기	210	6.3
	식빵	1쪽	100	8.3
	국수(삶은 것)	1대접	300	13.8
채소류	시금치	1접시	70	2.0
	양송이버섯(생것)	1접시	30	1.1
	배추김치	1접시	40	0.8
과일류	딸기	10개	150	1.4
	사과(부사)	1/2개	100	0.4
우유, 유제품류	치즈	1장	20	3.9
	우유	1컵	200	5.8
	요구르트(호상)	1컵	100	3.2

자료: 농촌진흥청 국립농업과학원, 2011

(2) 지방질

고기 근육의 지방 축적 정도는 육류의 맛과 연한 정도에 영향을 주므로, 근육 내에 적당한 지방질을 함유하고 있어 마블링이 좋은 고기가 등급이 높고 선호하는 맛을 낸

표 3-4 ▸ 고기의 종류별 단백질과 지방질 함량(%)

고기의 종류와 부위	단백질	지방질
한우(등심)	21.0	14.1
한우(양지)	21.6	9.2
돼지고기(삼겹살)	17.2	28.4
돼지고기(안심)	14.1	13.2
닭고기(가슴살)	23.1	1.2
닭고기(다리살)	20.1	3.8
오리고기	16.0	27.6

식품 100 g 중 함량(g)
자료: 농촌진흥청 국립농업과학원, 2011

다. 고기에 함유되어 있는 지방질의 함량은 고기의 종류에 따라 다르고 고기의 부위에 따라서도 차이가 크다 표 3-4. 고기 지방의 90% 이상은 중성지방질이며, 포화지방산saturated fatty acids이 주요 지방산이다. 포화지방산은 상온에서 주로 고체로 존재하며, 체내에서 합성이 가능한 지방으로 고기 지방, 버터, 코코넛기름, 팜기름 등에 포함되어 있다. 포화지방산을 많이 섭취하면 체내에서 콜레스테롤cholesterol의 합성이 증가하여 심혈관 질환의 위험성이 높아진다. 한편, 고기의 지방과 내장 부위에는 콜레스테롤의 함량이 높다 표 3-5. 콜레스테롤은 동물성 지방에 포함되어 있는 물질로 체내에서 호르몬, 담즙, 비타민 D를 합성하는 중요한 역할을 하지만, 체내에 과량 존재하는 경우에는 동맥에 침착하여 동맥경화를 일으킬 수 있다. 그러므로 심혈관 질환을 가지고 있는 사람은 고기 지방의 섭취량을 조절할 필요가 있다.

표 3-5 ▸ 식품의 콜레스테롤의 함량

(식품 가식부 100 g당 mg 함량)

소량 함유(0~50)	중등 함유(51~100)	다량 함유(100 이상)
달걀흰자, 우유, 식물성 기름, 땅콩, 잣, 콩	생선류, 치즈, 아이스크림, 고기	달걀노른자, 오징어, 명란젓, 새우, 가재, 내장, 고기기름(갈비), 버터

(3) 탄수화물

고기의 조직은 글리코겐glycogen을 함유하고 있다. 글리코겐은 고기의 종류와 연령 등에 따라 차이가 나는데, 근육 내에 0.02~1.0% 정도 소량 함유되어 있다. 글리코겐은 동물이 도살된 뒤 사후경직 또는 숙성과정 중에 대부분 젖산으로 분해된다. 고기에 들어 있는 탄수화물 성분인 글리코겐, 글루코스는 고기를 조리하면 갈색화되는 반응과 향미화합물 생성에 관여하여 고기의 풍미를 높인다.

(4) 무기질과 비타민

고기의 무기질 총량은 1% 정도로 칼륨, 인, 철 등의 좋은 급원이다. 특히, 고기에 들어 있는 철은 헤모글로빈hemoglobin과 미오글로빈myoglobin이 가지고 있는 헴에 포함된 헴철heme iron로 흡수율이 높아 체내 이용률이 매우 좋다 표 3-6. 철은 적혈구의 혈색소인 헤모글로빈의 구성 성분으로 폐에서 조직으로 산소를 운반하고, 근육 미오글로빈 성분으로 근육조직에서 산소를 저장하는 기능을 한다. 또한 체내 수백 개의 효소의 구성 성분으로서 주로 에너지 대사에 관여하고 있으며, 뇌와 신경계의 발달과 기능에 필수적 역할을 하는 필수영양소이다. 고기의 섭취가 부족한 어린이나 청소년, 그리고 임신부에게 철 결핍 빈혈이 발생하고 있다.

고기는 비타민 B_1(티아민), 비타민 B_2(리보플라빈), 니아신, 비타민 B_6(피리독신), 비타민 B_{12}(코발라민)의 좋은 급원이다. 돼지고기의 비타민 B_1 함량은 쇠고기나 양고기보다 5~10배나 많은 좋은 급원식품이어서 비타민 B_1이 적은 백미를 주식으로 하는 경우에 함께 섭취하면 좋다.

표 3-6 ▸ 식품의 철 함량

(식품 100 g 중 철 함량 mg)

식품명	철 함량	식품명	철 함량
재첩 조개	21.0	홍합	6.1
마른 멸치	15.9	쇠고기(우둔)	5.8
바지락	13.3	달걀노른자	5.6
굴비	14.4	참치	4.9
대합	11.9	황태	2.9
검은콩(서리태)	7.8	굴	3.7
새우	7.4	꽃게	3.0
꼬막	6.8	달걀	2.9
노란콩(대두)	6.5	두부	1.4
돼지고기(목살)	6.4	닭고기(살코기)	1.1

자료: 농촌진흥청 국립농업과학원, 2011

(5) 가열에 의한 변화

고기를 가열하면 물리적·화학적 변화들이 일어나고 미생물과 기생충이 사멸되는 효과도 얻는다. 고기를 가열하여 근육단백질이 65℃ 정도에 이르면 특유의 입체구조가 풀어지면서 응고되는 단백질 변성이 일어난다 그림 3-4. 단백질의 변성은 영양적 측면에서 볼 때 소화효소의 작용을 잘 받을 수 있게 하여 식품 단백질의 이용성을 높인다.

한편, 가열은 고기의 아미노산과 당이 관여하여 갈변을 나타내는 메일라드 반응 Maillard reaction을 일으킨다. 이 반응은 향미상분을 생성하여 고기 음식의 풍미를 높이지만, 고기 아미노산의 손실을 가져와 영양적 가치는 다소 감소한다.

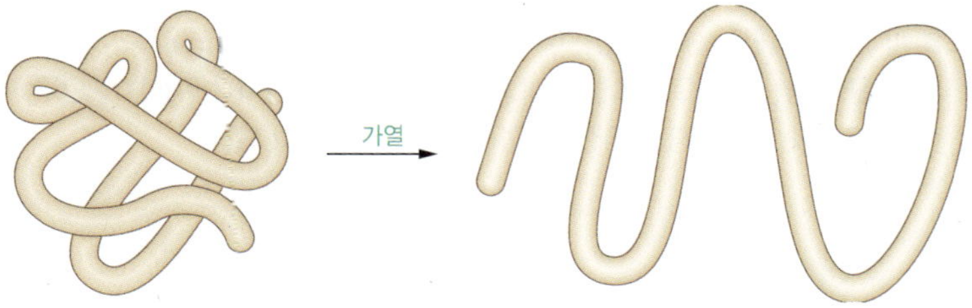

그림 3-4 ▸▸ 단백질의 변성

(6) 고기 가공식품

고기를 주원료로 하여 제조, 가공한 식품으로는 햄, 소시지, 베이컨 등이 있다. 햄은 돼지고기에 첨가물 처리를 한 후에 훈연하거나 열처리한 것이고, 소시지는 다진 고기에 조미료 및 향신료 등 첨가제를 섞어 포장 재료에 넣어 훈연하거나 열처리한 것이다. 베이컨은 돼지의 복부 부위인 삼겹살을 가공하여 얇게 썰어 진공 포장한 제품이다. 이들 고기의 가공과정에서 첨가하는 질산염과 아질산염은 미오글로빈을 안정화시켜 신선한 색을 유지하고 풍미를 향상시키며 세균의 성장을 억제하여 저장성을 높이는 역할을 하지만, 니트로소아민nitrosoamine 같은 발암성 물질을 생성하므로 과다한 섭취는 건강에 해롭다.

구제역

구제역은 소·돼지·양·사슴 등 발굽이 두 개로 갈라진 동물에서 발생하는 제1종 바이러스성 가축 전염병으로 감염된 가축은 고열이 나며 입과 발굽, 유방 등에 물집이 생기고 다량의 침을 흘린다. 또한 식욕 부진과 다리를 질질 끄는 행동을 보이다가 죽는 치명적인 질병으로, 감염 동물 자체와 배설물은 물론 사료·차량·사람 및 황사 등 공기를 통해서도 급속히 전염된다. 폐사율이 높으며 특별한 치료법이 없어서 구제역에 걸린 가축은 「가축전염병예방법」에 따라 모두 도살·매립·소각하도록 되어 있다.

광우병

광우병은 소 뇌의 특정 부분이 스펀지처럼 변형되어 각종 신경 증상을 보이다가 폐사하는 병으로, 원인체는 변형 프리온 단백질이다. 프리온은 핵산을 포함하지 않는 단백질로 정상적인 동물이나 사람의 뇌에 존재한다. 광우병에 걸린 소의 뇌에서 변형된 프리온이 발견되었는데, 변형 프리온은 주변의 정상 프리온을 자기와 비슷한 변형 프리온으로 만들면서 뇌신경세포를 파괴하여 스펀지 형태로 만든다. 인간 광우병은 변형 크로이츠펠트-야콥병으로, 광우병과 비슷한 증상과 뇌조직 변형을 나타낸다. 크로이츠펠트-야콥병은 광우병이 발견되기 이전부터 인구 백만 명당 한 명 꼴로 자연적으로 발생한 광우병과 비슷한 증상의 질병이며 현재에도 나타나고 있다.

고기 가공식품의 발암성

세계보건기구(WHO) 산하 국제암연구소는 소시지와 햄, 베이컨, 햄버거 패티 등을 매일 섭취하면 주로 직장암이나 대장암을 유발시킨다고 발표하며 고기 가공식품을 발암물질 1군에 포함시켰다. 고기 가공식품을 만들 때에 발색과 보존을 위하여 첨가하는 아질산나트륨이 고기 속 아민과 결합하여 발암물질 '니트로소아민'을 발생하기 때문이다. 매일 50 g의 가공육을 먹을 경우 암에 걸릴 가능성이 18% 늘어난다는 결론을 발표하였는데, 우리나라 식품의약품안전처는 우리 국민의 가공육 섭취량은 1일 평균 6.0 g 수준으로 우려할 정도는 아니라고 하였다. 그러나 어린이와 임산부는 많이 먹으면 문제가 생길 수 있으니 섭취량에 주의하고, 고기 가공식품 섭취가 상대적으로 많은 청소년은 채소 등 다양한 식품을 함께 섭취하고 균형 있는 식습관을 유지하는 것이 필요하다.

조류 인플루엔자

조류독감은 닭, 오리, 야생조류에서 조류인플루엔자 바이러스의 감염으로 인해 발생하는 제1종 가축전염병이다. 전파가 빠르고 병원성이 다양하며 드물게 사람에게서도 감염증을 일으킨다. 사람에게 전염될 수 있는 조류 인플루엔자 바이러스(H5N1)는 조류독감에 감염된 조류와 연관이 있는 사람들에서 발생하였으며, 사람 사이의 감염 가능성은 낮은 것으로 보이지만 인체에 감염된 경우 높은 사망률을 보인다. 고병원성 조류 인플루엔자가 발생한 경우에는 주변의 생산물을 모두 폐기 조치하고 있으며, 발생 국가에서는 양계 생산물을 수출할 수 없다. 바이러스 자체가 열에 약해 75℃ 이상에서 5분만 가열하면 사멸되므로 충분히 가열하여 조리하는 경우에는 감염 가능성이 없다.

2) 생선

생선은 양질의 단백질과 불포화지방산, 비타민, 무기질 등의 영양소를 공급하는 식품이다. 생선과 조개류는 단백질 함량이 7~25%로 가장 많으며, 지방질 함량은 1~10%로 종류, 부위, 서식 장소, 계절 등에 따라 크게 차이가 난다. 탄수화물은 미량 들어 있으며, 무기질 1~2%가 함유되어 있다.

(1) 단백질

단백질의 함량을 살펴보면, 생선은 17~25%, 오징어와 낙지는 12~17%, 조개류는 7~10%로 생선이 가장 많은 단백질을 함유하고 있다. 생선의 단백질은 결합조직에 엘라스틴이 없어 고기보다 부드럽고, 콜라겐은 근섬유와 직각으로 들어있어 가열하면 근육이 비늘 모양으로 떨어져서 소화가 잘된다. 고기와 마찬가지로 필수아미노산의 조성이 우수한 양질의 단백질이다.

단백질의 아미노산가

식품 단백질의 필수아미노산 구성을 인체의 단백질 필요량에 근거하여 세계보건기구 등에서 제정한 기준단백질과 비교한 것으로, 한 식품의 필수아미노산이 기준 단백질에 비하여 낮은 비율로 들어 있으면 아미노산가(amini acid value)가 낮아진다. 아미노산가가 높을수록 양질의 단백질이므로, 동물성 단백질은 아미노산가가 높아 양질의 단백질이라 할 수 있다.

각 식품의 아미노산가(최대값 100)

달걀 : 100, 생선 : 70, 소고기 : 70, 우유 : 60, 대두 : 47, 밀가루 : 42

(2) 지방질

생선과 조개류의 지방질은 대부분 중성지방질이고, 불포화지방산을 다량 함유하고 있다. 등푸른생선이 흰살생선에 비하여 지방질의 함량이 많은데, 어유의 불포화지방산으로는 오메가ω-3계열의 다가불포화지방산인 에이코사펜타엔산eicosapentaenoic acid, EPA과 도코사헥사엔산docosahexaenoic acid, DHA이 많이 함유되어 있다. 어유에 들어 있는 오메가-3계열 지방산은 혈액의 중성지방질 수치를 낮추고 혈전의 생성을 억제하는 효과로 인하여 심혈관 질환의 발생률을 낮춘다고 알려져 있다. 특히 DHA는 뇌와 신경조직, 그리고 안구의 세포막에 다량 존재하므로 두뇌 발달과 시각 기능 유지에 관련이 있으며, 면역 기능 향상과 염증 억제 기능이 있다. 따라서 오메가-3계열 지방산을 평소 충분히 섭취하는 것이 건강 유지에 도움이 된다. 한편, 어유 지방은 높은 불포화도 때문에 산화되기 쉬우므로 생선류는 저장기간이 짧고, 가공 시에도 산화가 잘 일어난다. 지방질은 생선의 배 부위와 피하층에 특히 많으며 산란기에 더 많아진다.

오징어, 새우 그리고 조개류에는 콜레스테롤이 생선에 비하여 많이 들어 있다. 그러나 새우나 조개류는 1회 섭취량이 많지 않고, 타우린taurine이 들어 있어 콜레스테롤 합성을 저하시키므로 심혈관 질환을 우려하여 평소 섭취를 줄일 필요는 없다.

(3) 탄수화물

생선의 탄수화물의 함량은 낮은 편이고, 저장물질로 글리코겐을 0.2~1.0% 정도 함유하고 있지만, 포획된 직후부터 분해되기 시작하여 생선을 섭취할 때에는 거의 남아 있지 않다. 조개류는 글리코겐을 1~8% 함유하고 있다.

(4) 무기질과 비타민

생선에는 나트륨, 칼륨, 마그네슘, 인, 철 등 다양한 무기질이 들어 있는데, 바다생선에는 요오드 함량이 높고 철 함량은 낮으며, 조개류는 생선보다 철을 많이 함유하고 있다. 생선은 비타민 A와 비타민 D가 풍부한 식품이다.

BOX 1

임신부와 수유모의 참치 과다 섭취는 '위험'

식품의약품안전처는 참치 등의 심해어에는 중금속인 수은이 함유되어 있어 태아에 안 좋은 영향을 미칠 수 있으므로 임산부와 수유모는 섭취를 주 1회 100 g 이하로 하는 것을 권장하고 있다. 한편, 참치 등 붉은살생선에는 오메가-3 지방산의 함량이 높아 어린이 두뇌 발달과 면역력을 유지시키는 것으로 알려져 있어 균형 잡힌 섭취가 필요하다.

(5) 생선 가공식품

생선 가공식품 중 어묵은 생선 근육에 소금을 첨가하여 가공한 것으로 다양한 음식에 사용된다. 건조 가공식품인 마른 오징어, 마른 꽁치(과메기), 북어는 생선을 그대로 건조한 것인데, 북어는 명태를 밤에는 얼리고 낮에는 녹이는 과정을 1달 이상 반복해 수분을 제거하여 건조한 식품이다. 굴비와 염장 고등어는 염건법을 사용하여 소금을 뿌리거나 식염수에 담가 염장하여 건조한 것으로 세균의 번식을 막을 수 있다. 마른 멸치와 마른 새우는 끓는 소금물에서 삶아 살균한 후에 건조한 것으로 자가소화효소를 파괴시켜 부패를 억제하고 비린내도 제거한 것이다.

젓갈은 생선 근육이나 내장에 소금을 뿌려 수분을 탈수시켜 세균의 번식을 억제하고, 자가소화효소의 작용으로 육질을 분해하고 숙성시켜 독특한 풍미와 조직감을 가지도록 한 식품으로 새우젓과 멸치젓이 대표적이다.

3) 달걀

달걀egg은 양질의 단백질, 불포화지방산, 철 등을 함유한 식품으로, 노른자와 흰자의 영양소 성분과 함량이 차이가 있다. 달걀은 단백질의 질이 가장 높은 식품이다.

(1) 단백질

달걀은 모든 필수아미노산을 충분히 함유하고 있으므로 아미노산 조성이 매우 우수한 양질의 단백질 식품이다. 달걀의 단백질 함유량은 약 13%로 흰자와 노른자의 단백질은 함량과 조성에 차이가 있다 표 3-7. 흰자에 들어 있는 단백질은 40여 종으로 오브알부민ovalbumin이 대표적인데, 가열하면 쉽게 응고되며 휘저을 때에 거품이 생기는 성질이 있다. 노른자의 단백질은 주로 지방질단백질lipoprotein로 지방질과 결합한 형태로 존재한다.

(2) 지방질

달걀흰자에는 지방질이 거의 없고, 노른자에는 약 30%의 지방질이 함유되어 있다. 노른자 지방질의 62% 정도가 중성지방질이고, 인지방질이 33%, 콜레스테롤이 5% 정도 함유되어 있다. 달걀 1개에는 약 250 mg의 콜레스테롤이 함유되어 있어 콜레스테롤이 많은 식품인데, 모두 노른자에 들어 있고 흰자에는 콜레스테롤이 없다. 그러므로 콜레스테롤 섭취를 제한하여야 하는 환자의 경우에는 달걀노른자를 빼고 흰자를 섭취하는 것을 권한다. 한편, 식품으로 콜레스테롤 섭취가 많아지면 체내 콜레스테롤 합성량이 줄어들기 때문에 건강한 성인이 콜레스테롤에 대한 우려로 달걀 섭취를 제한할 필요는 없다. 달걀의 대표적 인지방질인 레시틴lecithin은 유화작용emulsion이 있어 달걀로 마요네즈 등의 가공식품을 만드는 데 적절한 성질을 지닌다.

(3) 무기질과 비타민

달걀은 무기질과 비타민 함량이 풍부한 식품으로, 흰자에는 칼륨과 황이 많고, 노른자에는 인, 칼슘, 철이 많이 함유되어 있다. 달걀노른자에는 비타민 A, 비타민 D, 비타민 E 등의 지용성 비타민이 풍부하다. 한편, 생달걀의 흰자에 들어 있는 아비딘avidin은 비오틴biotin이라는 비타민과 결합하여 비오틴의 체내 이용률을 저하시킨다.

표 3-7 ▸ 달걀의 단백질, 지방질, 철의 성분

(식품 100 g 중 함량)

달걀	단백질(g)	지방질(g)	철(mg)
달걀	12.7	11.0	1.8
난황	15.6	29.7	5.5
난백	11.3	0.1	0.2

자료: 농촌진흥청 국립농업과학원, 2011

(4) 달걀 가공식품

마요네즈는 달걀의 대표적 가공식품이다. 달걀노른자에 식용유인 콩기름이나 올리브유에 식초를 첨가하면서 계속 저으면 달걀의 인지방질인 레시틴이 기름과 물(식초)을 섞어 주는 유화작용을 하여 마요네즈를 만든다.

BOX 2

레시틴의 유화작용

인지방질인 레시틴의 지방산 부분은 소수성이고, 인산과 콜린 부분은 친수성을 띠는 양극성 구조를 가지고 있다. 물과 기름은 서로 섞이지 않고 분리되지만, 레시틴과 같은 유화제를 물과 기름에 섞어 주면 물은 레시틴의 친수성기 쪽으로, 기름은 레시틴의 소수성기 쪽으로 정렬하여 작은 미셀(micelle)을 형성함으로써 기름과 물이 잘 섞일 수 있다.

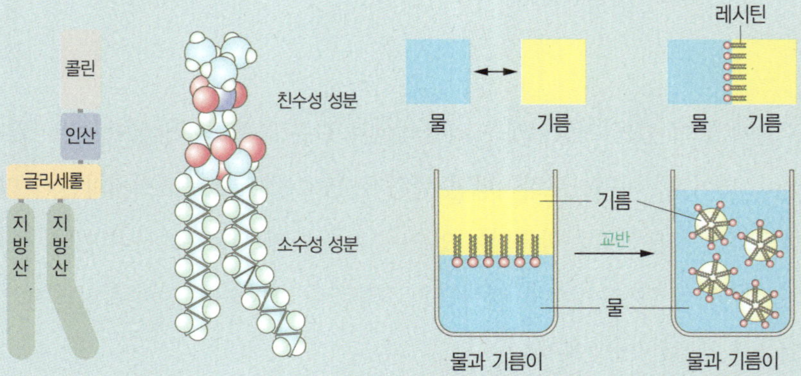

그림 3-5 ▸▸ 레시틴의 구조와 유화작용

4) 콩류

대두soybean는 단백질과 지방질이 풍부하며 영양가가 우수한 식품으로 우리나라에서는 두부, 된장, 간장, 청국장, 콩기름 등 대두를 이용한 다양한 가공식품이 이용되고 있다. 대두는 특히 단백질 35%, 지방질 18%, 탄수화물 25% 정도가 들어 있어 단백질과 지방질의 좋은 급원이다. 팥, 녹두, 강낭콩에는 지방질은 낮으나 전분이 들어 있으며, 콩에는 식이섬유도 풍부하여 껍질째 먹었을 때 체내 지방의 함량을 낮추는 작용이 우수하다.

땅콩과 아몬드, 호두 같은 견과류의 단백질 함량은 25% 정도로 콩에 비하여 단백질이 적게 들어 있다.

(1) 단백질

콩은 탄수화물을 주로 섭취하는 우리나라 사람들에게 좋은 단백질의 급원이었으며 '밭에서 나는 소고기'라고 불려왔다. 콩은 밥에 넣어 콩밥으로 먹는 경우가 많은데, 두부와 같이 소화되기 쉬운 형태로 가공하여 먹으면 소화율을 높일 수 있다. 콩은 물론이고 콩 제품인 된장, 간장 등에서 발견되는 단백질의 분해산물인 콩 펩타이드는 항암효과도 있다고 알려져 있다.

(2) 지방질

콩에 들어 있는 지방질에는 리놀레산과 같은 불포화지방산이 85% 정도이고, 팔미트산, 스테아르산 등의 포화지방산 함량은 15% 정도로 불포화지방산이 많다. 땅콩에도 불포화지방산이 주로 함유되어 있으며, α-리놀렌산과 올레산이 있다. 콩에는 인지방질인 레시틴의 함량이 높다. 레시틴은 지방간을 예방하는 인자로 알려져 있으므로 고지혈증과 지방간 예방에 좋다.

(3) 탄수화물

콩과 견과류는 탄수화물의 함량이 낮은 편인데 탄수화물 중에서 전분은 1% 이하로 매우 적게 들어 있고 사당류인 스타키오스와 삼당류인 라피노스 같은 올리고당oligosaccharide의 함량이 많다. 콩에는 수용성 식이섬유가 풍부한데, 식이섬유는 장에서 당과 콜레스테롤 등에 흡착하여 이들의 흡수를 지연시키므로, 당뇨병과 고지혈증 환자에게 좋은 식품이다. 또한 대변 양을 증가시키고 부드럽게 하므로 변비 예방에도 도움이 된다.

(4) 비타민과 무기질

콩과 견과류에는 비타민 B_1과 산화 방지 영양소인 비타민 E가 많이 함유되어 있으며, 칼륨, 마그네슘, 칼슘 등의 무기질도 풍부하게 들어 있다.

(5) 이소플라본

콩에 풍부한 이소플라본isoflavone 표 3-8은 항암작용을 하는 것으로 알려져 있다. 또한 이소플라본은 여성 호르몬인 에스트로겐estrogen과 비슷한 구조를 가지고 있어

표 3-8 ▸ 콩과 콩제품의 이소플라본 함량

(식품 가식부 100 g 중 함량 mg%)

식품	함량	식품	함량
두유	25.2	된장	31.5
두부	27.9	콩나물	40.7
간장	0.1	대두(국내산)	145.0

에스트로겐의 역할을 대행할 수 있기 때문에 폐경기 이후 여성의 골다공증 발생 위험을 낮추는 효과가 있다.

(6) 영양 저해 인자

생콩에는 단백질소화효소인 트립신의 작용을 억제하는 물질, 즉 트립신 저해제 trypsin inhibitor가 있다. 콩을 가열하면 트립신 저해제가 불활성화되어 단백질 소화 저해작용이 없어지므로, 콩 단백질의 소화율은 열처리에 의하여 크게 향상된다. 또한 콩을 발아시켜도 트립신 저해제의 함량이 감소된다. 그러므로 콩을 가열처리하지 않고 그대로 섭취하면 단백질의 소화가 방해되어 아미노산의 결핍을 유발하여 어린이의 경우 성장이 저해된다.

(7) 콩 가공식품

콩은 조직이 단단하여 소화·흡수가 잘되지 않지만, 콩 가공식품은 콩의 영양소 이용률이 높다. 가열처리를 하지 않은 콩의 소화율은 82%이지만 익힌 콩은 90%, 두부는 96%이다.

두유는 수용성 콩 단백질을 추출하거나 콩 단백질을 물에 분산시켜 우유와 비슷하게 만든 것이다. 소화율이 높고 우유에 비해 단백질 함량이 높으면서 필수지방산을 함유하고 있다. 유당lactose이 없어 유당 불내증lactose intolerance을 유발하지 않는 장점이 있지만, 칼슘 함량이 낮아서 시판되는 두유에는 칼슘을 첨가하고 있다.

두부는 두유에 응고제를 넣어 여과시켜 걸러 낸 것이다. 두부는 제조과정에서 칼슘이 첨가되어 단백질과 함께 칼슘의 좋은 급원식품이다. 수분 함량이 80% 정도로 많고 지방산의 불포화도가 높아 지방질의 산패 및 미생물에 의한 변질이 쉽게 일어날 수 있으므로 저장 시 주의가 필요하다.

땅콩을 볶은 후 갈아서 피넛버터를 만들어 크림 대용이나 조리에 이용하고 있으며, 땅콩기름은 식용유로 이용되고 비누의 원료로도 사용되고 있다.

(8) 콩 발효식품

콩 발효식품은 미생물이 생산하는 효소를 콩에 작용시켜 가공하여 새로운 성분과 특성을 가지게 함으로써 영양과 기호성 및 저장성을 향상시킨 식품이다.

간장은 곡류를 삶아서 배양한 코지Koji균으로 콩을 발효하여 당화시키고 소금을 넣어 숙성시킨 것이다. 아미노산에 의한 구수한 맛, 당에 의한 단맛, 소금에 의한 짠맛 그리고 여러 가지 유기 성분에 의한 독특한 향미와 색을 내는 조미료이다.

된장은 대두와 곡류를 주원료로 하여 소금과 균을 섞어 발효, 숙성시킨 것으로 숙성 중 된장에 있는 여러 가지 균과 곰팡이, 효모 등의 작용으로 독특한 맛과 냄새를 가지며 항암효과가 알려져 있다.

청국장은 볏짚에 있는 바실러스균*Bacillus*을 이용하여 3일 이내에 숙성된 콩 발효식품으로 된장에 비하여 저장성이 적다. 일본에서 주로 먹는 콩 발효식품인 낫토는 주로 생으로 먹고, 청국장은 익혀서 먹는다. 낫토와 청국장에서 추출한 효소인 낫토키네이스는 피브린을 분해하여 혈전을 잘 녹이는 혈전용해효과가 있다. 청국장과 낫토는 정장효과와 영양소 흡수 촉진작용이 있으며, 혈액 콜레스테롤을 감소시키는 효과로 인해 건강식품으로 알려져 있다.

세계의 콩 발효식품

BOX 3

단백질 급원이 많이 부족했던 아시아의 여러 나라와 아프리카 등지에서는 콩을 단백질의 급원으로 이용해 왔으며, 콩을 이용한 발효식품은 여러 나라에서 다양하게 찾아볼 수 있다.

국가	콩으로 만든 발효식품들
한국	된장, 간장, 청국장
일본	미소(일본된장), 낫토(부식과 간식용 식품)
중국	두시(된장의 한 종류), 루프(발효된 두부)

4 채소류와 과일류

채소류와 과일류는 다른 식품에 비해 수분water이 많으며, 비타민vitamin과 무기질mineral, 식이섬유dietary fiber를 풍부하게 함유하고 있다. 채소류와 과일류는 영양소는 아니지만 건강을 증진시키는 성분인 파이토케미컬phytochemical의 좋은 급원이기도 하다. 채소류와 과일류는 콜레스테롤이 함유되어 있지 않고, 포화지방과 나트륨(소디움, Na)이 적게 들어 있는 건강에 좋은 식품으로 알려져 있다. 또한 채소와 과일에는 특유의 색과 향, 맛을 제공하는 다양한 색소와 향미 성분이 포함되어 있다.

1. 채소류와 과일류의 영양

대부분의 채소는 90~95%, 과일은 85~90%의 수분을 함유하고 있으며, 단백질과 지방질의 함량은 많지 않다. 과일류는 10% 정도의 탄수화물을 함유하고 있으나, 채소류의 탄수화물 함량은 낮다. 따라서 채소는 에너지 함량이 매우 낮은 식품이다.

1) 물

물은 체조직에 가장 많이 존재하고 있는 중요한 영양소로, 우리 체중의 55~60%를 차지하고 있다. 물은 생체의 여러 화학반응이 일어나는 장으로 작용한다. 우리나라 사람은 필요한 물의 절반 정도를 음용수와 음료로, 나머지 절반은 식품으로 섭취하는데, 채소류와 과일류는 물을 제공하는 중요한 식품이다.

채소의 식용 부위는 잎(배추, 양배추, 상추, 쑥갓 등), 줄기(셀러리, 미나리 등), 열매(오이, 가지, 고추, 토마토 등), 꽃[브로콜리, 꽃양배추(콜리플라워cauliflower) 등], 뿌리(당근, 무, 우엉, 고구마 등) 등으로 다양하다. 채소는 탄수화물 함량이 낮은 식품이지만, 감자, 고구마, 연근, 토란, 당근, 우엉 등 일부 채소는 탄수화물을 상당히 함유하고 있어 다른 채소류에 비해 에너지 함량이 높은 편이다. 배추, 오이, 토마토의 에너지 함량은 각각 15, 14, 19 kcal/100 g이지만, 감자, 고구마, 연근, 토란의 에너지 함량은 각각 70, 147, 75, 71 kcal/100 g이다. 일부 채소의 일반성분과 에너지 함량은 표 4-1에 제시하였다.

과일에 함유된 탄수화물은 주로 프럭토스fructose, 수크로스sucrose, 글루코스glucose와 같은 당류이다. 과일은 품종과 숙성 정도에 따라 성분이 다르다. 과일은 숙

표 4-1 ▶▶ 채소의 일반 성분과 에너지 함량

채소명	수분 (g)	단백질 (g)	지방질 (g)	탄수화물 (g)	회분 (g)	에너지 (kcal/100 g)
배추	94.8	1.25	0.04	3.2	0.66	15
양배추	89.7	1.68	0.08	7.92	0.62	33
상추	93.6	1.42	0.28	3.69	1.01	19
시금치	89.6	3.35	0.39	4.86	1.79	29
셀러리	93.9	1.04	0.07	3.95	1.04	17
미나리	92.8	2.2	0.2	3.8	1	21
오이	95.2	1.22	0.02	3.05	0.51	14
호박	93.1	1.07	0.09	5.14	0.6	22
고추	91.1	1.71	0.19	6.42	0.58	29
토마토	93.9	1.03	0.18	4.26	0.63	19
양파	92	0.95	0.04	6.67	0.33	29
마늘	64.8	7.45	0.16	26.42	1.21	128
파	91.4	1.2	0.2	6.7	0.5	29
부추	93	1.8	0.3	4.1	0.8	22
당근	91.1	1.02	0.13	7.03	0.72	31
감자	81.1	1.93	0.03	16.07	0.87	70
고구마	62.2	1.09	0.15	35.52	1.02	147
연근	80	1.63	0.07	17.28	1.02	75
토란	80.8	2.08	0.14	15.77	1.21	71

출처: 농촌진흥청 국가표준식품성분표

성과정 동안 전분이 당으로 분해되어 단맛이 증가한다. 호두, 잣과 같은 견과류는 과일이지만 예외적으로 수분 함량이 10% 이하이고, 지방질을 50% 정도, 단백질을 15% 정도 함유하고 있어 다른 과일류에 비해 에너지 함량이 높다. 사과, 귤, 딸기, 수박의 에너지 함량은 각각 56, 39, 36, 31 kcal/100 g이지만, 호두와 잣의 에너지 함량은 각각 688, 630 kcal/100 g이다. 일부 과일의 일반 성분과 에너지 함량을 표 4-2에 제시하였다.

표 4-2 ▸ 과일의 일반 성분과 에너지 함량

과일명	수분 (g)	단백질 (g)	지방질 (g)	탄수화물 (g)	회분 (g)	에너지 (kcal/100 g)
사과	85.2	0.2	0.77	13.58	0.21	56
배	86.5	0.4	0.1	12.8	0.2	48
감	85.6	0.41	0.04	13.66	0.29	51
귤	89.2	0.29	0.16	10.16	0.23	39
복숭아	85.8	0.59	0.04	13.1	0.47	49
딸기	89.7	0.8	0.2	8.9	0.4	36
포도	84.6	0.46	0.15	14.28	0.47	54
바나나	78	1.11	0.2	20	0.68	77
수박	91.1	0.79	0.05	7.83	0.23	31
참외	86.1	1.57	0.29	11.01	1.03	47
호두	2.9	15.47	71.99	7.92	1.72	688
잣	3.3	15.96	59.28	19.38	2.11	630
밤	61.5	3.28	0.5	33.39	1.33	151

출처: 농촌진흥청 국가표준식품성분표

2) 비타민

비타민은 주로 생체 반응을 조절하는 유기영양소organic nutrient이다. 채소류와 과일류에는 비타민 A의 전구체인 베타카로텐β-carotene이 많이 들어 있다. 채소류와 과일류에는 비타민 C와 엽산도 풍부하게 들어 있으며, 녹색 채소에는 비타민 K가 풍부하다.

(1) 비타민 A

비타민 A는 동물성 식품에 존재하는 레티노이드retinoid와 식물성 식품에 존재하는 지용성 색소인 카로테노이드carotenoid 중 비타민 A 활성을 가지는 카로테노이드를 총칭한다. 레티노이드는 레티놀retinol, 레티날retinal, 레틴산retinoic acid을 포함한다. 비타민 A 활성을 가지는 카로테노이드는 알파카로텐α-carotene, 베타카로텐, 베타크립토잔틴β-cryptoxanthin 등인데, 이 카로테노이드들은 장intestine과 간liver에서 비타민 A의 형태로 전환되므로 비타민 A 전구체provitamin A라고 불린다. 비타민 A 전구체 중 베타

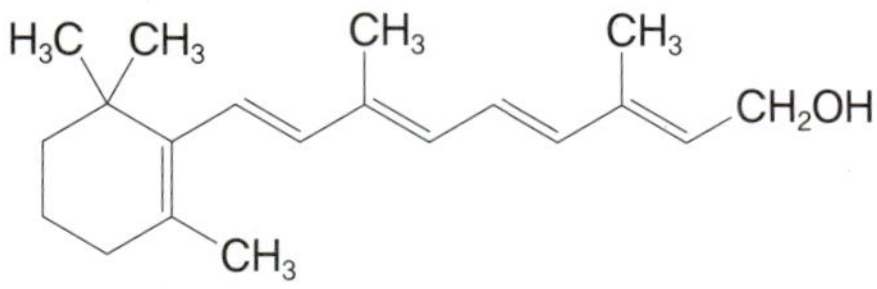

레티놀

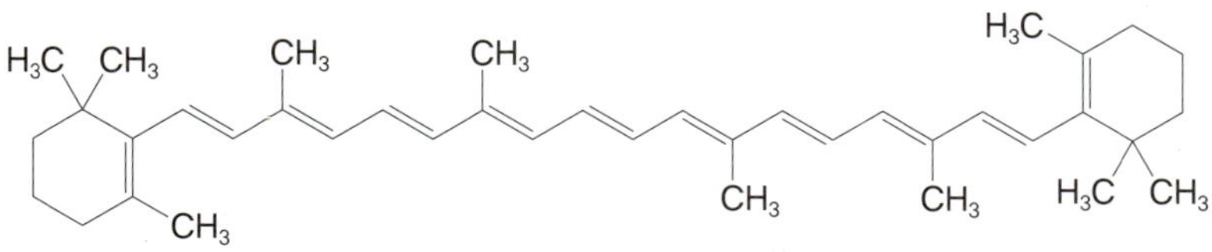

베타카로텐

그림 4-1 ▸▸ 비타민 A의 구조

카로텐의 비타민 A 활성이 가장 높은데, 베타카로텐 6 μg은 레티놀 1 μg에 해당하는 활성을 나타낸다. 베타카로텐은 당근, 늙은 호박, 고추, 쑥갓, 시금치 등 녹황색 채소와 귤, 살구, 감, 망고 등 황색 과일에 많이 함유되어 있다.

비타민 A는 줄기세포가 특정 기능을 가지는 세포로 발달되는 과정인 세포 분화에 관여한다. 비타민 A는 상피세포의 건강을 유지하고 면역력을 유지하는 데 필요하다. 또한 비타민 A는 정상적인 시각을 유지하는 데도 필요하다. 눈의 망막에 존재하는 간상세포는 어두운 곳에서 시각작용을 담당하는데, 로돕신rhodopsin(시홍)은 간상세포의 감광색소이다. 로돕신은 레티날과 단백질인 옵신opsin이 결합하여 생성된다. 따라서 비타민 A는 어두운 곳에서 시각을 유지하는 데 반드시 필요하며, 비타민 A가 결핍될 경우, 야맹증에 걸리게 된다. 비타민 A는 정상적인 뼈의 성장과 생식 능력을 유지하는 데에도 필요하다. 비타민 A가 결핍되면, 안구건조증과 눈의 비토반점이 나타나며, 피부가 각질화되고 면역력이 저하되며, 실명을 초래하고 사망할 수 있다.

(2) 비타민 K

비타민 K는 식물성 식품에 존재하는 필로퀴논phylloquinone(비타민 K_1), 육류와 생선 기름에 존재하고 장내 미생물에 의해 합성되는 메나퀴논menaquinone(비타민 K_2), 수용성인 메나다이온menadione(비타민 K_3)을 지칭한다. 비타민 K는 프로트롬빈prothrombin

과 같은 혈액 응고인자와 뼈를 형성하는 단백질인 오스테오칼신osteocalcin을 합성하는 데 필요하다. 비타민 K의 영양 상태가 양호하면, 프로트롬빈이 칼슘Ca과 결합하여 정상적인 혈액 응고 반응을 진행할 수 있으며, 오스테오칼신이 칼슘과 결합하여 뼈의 형성을 돕는다. 따라서 비타민 K는 혈액 응고와 뼈의 건강 유지에 반드시 필요하다. 또한 비타민 K는 소장에서 칼슘 결합 단백질의 합성에 관여하여 식이 칼슘의 흡수를 돕는다. 케일, 부추, 무청, 시금치, 갓 등 녹색 채소는 비타민 K의 좋은 급원이다.

(3) 엽산

엽산(폴레이트folate, 폴라신folacin)은 체내에서 조효소인 테트라하이드로폴레이트tetrahydrofolate, THF로 작용한다. 엽산 조효소THF는 핵산인 DNA와 RNA를 구성하는 퓨린purine 염기를 합성하는 데 관여한다. 엽산 조효소는 DNA의 구성 성분인 티미딜산을 합성하는 반응에도 관여한다. 따라서 엽산이 부족하면 DNA 합성과 세포 분열에 장애가 생기므로 골수, 점막, 위장관 등 세포 분열이 활발한 조직이 주로 영향을 받는다. 엽산이 결핍되면 거대한 적혈구 모세포인 거대적아구megaloblast가 나타나는 거대적아구성 빈혈megaloblastic anemia이 생기고 위장 장애가 나타난다.

엽산 조효소는 비타민 B_{12}와 함께 호모시스테인이 메티오닌으로 전환되는 반응에도 관여한다. 엽산 섭취가 부족한 경우, 혈액 호모시스테인 농도가 증가되어 심혈관 질환cardiovascular disease, CVD의 위험을 높인다.

임신부의 엽산 결핍은 태아의 신경관 결손을 초래할 수 있다. 엽산은 녹색 채소, 과일, 해조류, 콩류에 풍부하게 함유되어 있는데, 아스파라거스, 브로콜리, 시금치, 상추, 딸기, 참외, 오렌지, 키위, 블랙베리가 엽산의 좋은 급원식품이다.

(4) 비타민 C

비타민 C는 체내에서 중요한 산화 방지 영양소antioxidative nutrient로 작용한다. 호흡을 통해 체내로 들어온 산소는 대부분 정상적인 세포의 대사과정을 통해 물로 전환되나, 약 2% 정도는 화학적으로 반응성이 크고 유해한 자유라디칼free radical로 전환된다. 스트레스, 음주, 흡연, 과식, 과격한 운동, 자외선, 방사선, 환경오염 등은 체내에서 자유라디칼을 증가시킨다. 자유라디칼은 화학적으로 매우 불안정하므로 세포의 지방질, 단백질, DNA를 산화시켜 세포를 손상시킨다. 따라서 자유라디칼은 노화를 초래하고 암, 심혈관 질환, 당뇨병, 알츠하이머치매, 파킨슨병의 발병 위험을 높일 수 있다. 비타민 C는 비타민 E, 셀레늄Se과 함께 산화 방지 영양소로 작용하여, 자유라디칼에 의한 세포 손상을 막아 준다.

비타민 C는 콜라겐collagen의 합성에 관여하는데, 콜라겐은 결합조직, 뼈, 치아, 혈관 등에 많이 존재하는 단백질이며, 상처를 치유하는 데 중요한 역할을 담당한다. 비타민 C가 결핍되면 결합조직의 형성에 장애가 생기고 괴혈병을 초래한다.

식품의 비헴철non-heme iron이 소장에서 흡수될 때, 제1철Fe^{2+}이 제2철Fe^{3+}보다 더 잘 흡수된다. 비타민 C는 소장에서 Fe^{3+}을 Fe^{2+}로 환원시켜 철의 흡수를 증가시킨다. 비타민 C는 도파민, 노르에피네프린, 세로토닌 등의 신경전달물질과 갑상선 호르몬, 스테로이드 호르몬, 담즙산, 퓨린, 헤모글로빈의 합성에 필요하다. 또한 비타민 C는 면역력을 증가시키며 화학적인 해독작용에도 관여한다.

신선한 채소류와 과일류는 비타민 C의 좋은 급원이다. 귤, 오렌지, 자몽(그레이프프루트grapefruit), 라임, 레몬 등의 감귤류citrus fruit, 딸기, 키위, 토마토, 구아바, 파파야, 풋고추, 파프리카, 케일, 브로콜리, 양배추, 고춧잎, 시금치는 비타민 C가 풍부한 식품이다. 식품 중의 비타민 C는 조리 중에 40% 정도 손실된다.

그림 4-2 ▸ 비타민 C가 풍부한 채소와 과일

3) 무기질

무기질은 토양에서 유래하며, 채소와 과일과 같은 식물성 식품은 무기질의 중요한 급원이다. 무기질은 우리 몸의 구성 물질로 작용하며, 체내 생리작용을 조절한다. 채소류와 과일류에는 칼륨K과 마그네슘Mg이, 짙은 녹색 채소에는 철Fe이 풍부하게 들어 있다.

(1) 칼륨

칼륨은 칼슘, 인 다음으로 체내에 많이 존재하는 무기질이다. 칼륨은 세포내액에 가장 많이 존재하는 양이온으로, 세포외액에 가장 많이 존재하는 양이온인 나트륨과 함께 체액의 정상적인 삼투압을 유지하고, 체내 수분 균형을 유지한다. 또한 칼륨은 체내 산·염기 평형 유지에 관여한다. 칼륨은 나트륨, 칼슘, 마그네슘과 함께 신경과 근육의 전기화학적 흥분의 전달과 근육의 수축과 이완작용에 관여하는데, 특히 심장의 기능 유지에 필요하다. 체내에서 글리코겐이나 단백질이 저장될 때 세포내액도 함께 저장되어야 하므로, 칼륨은 글리코겐이나 단백질의 저장에도 필요하다. 칼륨은 나트륨의 배설을 촉진하고 혈관을 이완시켜 고혈압을 완화시키는 데 도움이 된다. 칼륨은 채소와 과일에 많이 들어 있는데, 특히 고구마, 감자, 시금치, 쑥갓, 부추, 호박, 토마토, 고춧잎, 근대, 멜론, 바나나, 참외, 키위, 오렌지, 귤 등에 많이 들어 있다.

(2) 마그네슘

마그네슘은 식물의 녹색 색소인 엽록소(클로로필chlorophyll)의 구성원소이다. 체내 존재하는 마그네슘의 60%는 뼈와 치아의 구성요소로 존재한다. 마그네슘은 세포막을 안정시키고, 신경 자극 전달과 근육의 수축 및 이완작용을 조절하는 데 관여한다. 마그네슘은 칼슘과 상반된 작용을 하는데, 칼슘은 신경을 흥분시키고 근육을 긴장시키지만, 마그네슘은 신경을 안정시키고 근육을 이완시킨다. 마그네슘은 체내 에너지 저장물질인 ATP(아데노신 삼인산adenosine triphosphate)의 합성, 단백질 합성, 핵산 합성 등에 필요한 300여 종의 효소의 반응에 보조인자cofactor로 작용한다. 또한 마그네슘은 ATP를 구조적으로 안정시키고 에너지 대사에 관여한다. 마그네슘은 녹색 채소와 잣, 호두 등 견과류에 풍부하게 함유되어 있다.

BOX 1

ATP는 우리 몸에서 에너지를 저장하는 물질이다

아데노신 삼인산(ATP)은 생체 내에서 에너지를 저장하는 물질이다. 아데노신은 아데닌(adenine)이라는 질소 함유 유기화합물에 오탄당인 리보스(ribose)가 결합된 화합물이다. 아데노신에 인산기가 1개가 결합되어 있으면 아데노신 일인산(adenosine monophosphate, AMP)이고, 2개가 결합되어 있으면 아데노신 이인산(adenosine diphosphate, ADP)이며, 3개가 결합되어 있으면 ATP이다. ATP의 마지막 인산기와 두 번째 인산기를 결합할 때는 다량의 에너지가 필요하고, 끊을 때는 다량의 에너지가 생성된다. 세포내 호흡과정에서 탄수화물, 지방, 단백질을 연소시켜 에너지를 방출하면, 이 에너지를 이용하여 ADP에 인산기를 결합시켜 ATP를 생성한다. 우리 몸이 에너지가 필요할 때, ATP를 ADP와 인산기로 분해하면서 에너지를 방출한다. 이처럼 ATP에 저장된 에너지는 호흡, 순환, 물질 합성, 물질 수송, 근육 수축 등 생명 유지에 필요한 모든 활동에 사용된다.

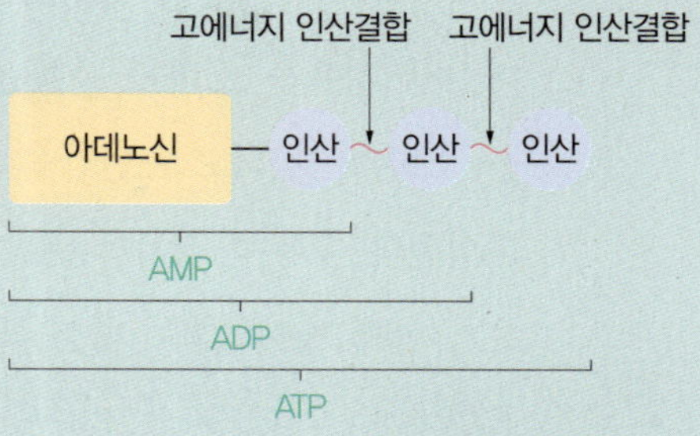

그림 4-3 ▸ ATP의 구조

(3) 철

식품에 존재하는 철은 헴철heme iron과 비헴철non-heme iron로 분류된다. 헴철은 적혈구의 헤모글로빈과 근육의 미오글로빈의 성분인 헴의 형태로 존재하는 철이다. 동물성 식품에 존재하는 철의 40% 정도가 헴철이고 60%가 비헴철이며, 식물성 식품의 철은 모두 비헴철이다. 육류, 생선, 가금류가 철의 가장 좋은 급원이지만, 짙은 녹색 채소, 곡류, 콩류도 철을 많이 함유하고 있다. 그러나 소장에서 비헴철의 흡수율은 헴철의 절반 이하 수준으로 낮다. 성장기, 임신기, 수유기와 같이 체내 철 요구량이 높은 경우, 비헴철을 함유한 식물성 식품과 가금류를 함께 섭취한 경우, 비타민 C 또는 위산에 의해 제2철Fe^{3+}이 제1철Fe^{2+}로 전환된 경우 비헴철의 흡수율이 증가한다. 비헴철을 피트산phytic acid, 옥살산oxalic acid, 또는 탄닌tannin과 함께 섭취하면 흡수율이 감소한다. 피트산은 곡류 껍질에, 옥살산은 시금치와 죽순에, 탄닌은 녹차에 들어 있다. 체내에서 철은 헤모글로빈의 구성 성분으로 산소를 각 조직의 세포로 운반하므로, 철이 결핍되면 철 결핍성 빈혈이 나타난다.

4) 식이섬유

식이섬유는 사람의 소화효소로 분해되지 않는 탄수화물과 리그닌lignin으로 정의된다. 식이섬유는 소화관 운동을 활발하게 하고 소화관의 건강을 증진시킨다. 식이섬유는 소화가 안 되고 포만감을 주므로 비만을 예방한다. 식이섬유는 수용성(가용성) 식이섬유와 불용성 식이섬유로 분류되는데, 대부분 식품에는 수용성 및 불용성 식이섬유가 함께 들어 있다. 채소, 과일, 전곡류whole grain, 해조류, 콩류는 식이섬유의 좋은 급원이다.

수용성 식이섬유는 물에 녹거나 팽윤되며 점성이 큰 젤gel을 형성하고, 대장에서 장내 세균gut microflora에 의해 발효된다. 펙틴pectin, 검gum, 일부 헤미셀룰로스hemi-cellulose가 수용성 식이섬유이다. 수용성 식이섬유는 물과 친화력이 커서 팽창하여 위장에서의 배출 속도를 느리게 하고 소장에서 영양소의 소화·흡수를 지연시킨다. 따라서 수용성 식이섬유는 혈당을 저하시키는 효과를 나타낸다. 수용성 식이섬유는 회장ileum에서 담즙산의 재흡수를 저해하여 혈액 콜레스테롤을 저하시키는 효과를 나타낸다. 수용성 식이섬유는 대장에서 장내 세균에 의해 발효되어 아세트산acetic acid, 프로피온산propionic acid, 뷰티르산butyric aicd 등의 짧은사슬지방산과 이산화탄소, 메탄, 수소 등의 가스를 생성하는데, 뷰티르산은 대장 세포로 들어가 에너지원으로 사용된다고 알려져 있다.

펙틴은 그리스어의 petos(단단하고 진한 젤리)에서 유래된 것으로, 식물의 세포벽 또는 세포와 세포 사이에서 결착제 역할을 담당하는 물질이다. 덜 익은 채소와 과일에는 펙틴 전구체인 프로토펙틴protopectin이 들어 있으나, 채소와 과일이 숙성됨에 따라 펙틴이 많아진다. 펙틴은 적당량의 유기산과 당이 존재할 때 젤을 형성하므로 과실류의 잼, 젤리, 마멀레이드를 만드는 데 필요하다. 펙틴은 채소류의 식이섬유 중 15~20%를 차지하는데, 당근, 토마토, 감자는 펙틴 함량이 높은 채소이다. 펙틴은 과일류의 식이섬유 중 5~10%를 차지하는데, 귤, 오렌지, 자몽 등의 감귤류, 복숭아, 사과, 살구에 펙틴이 많이 들어 있고, 과육보다 껍질에 더 많이 들어 있다.

검은 식물이 분비하는 점성물질로, 콩과식물에서 들어있는 구아검, 로커스트콩검, 아라비아검, 해조류에 들어 있는 알긴산, 카라긴산, 한천이 포함된다. 헤미셀룰로스

표 4-3 ▸ 수용성 식이섬유와 불용성 식이섬유의 기능

분류	종류	생리적 기능
수용성 식이섬유	펙틴, 검, 일부 헤미셀룰로스	• 포만감 • 혈당 저하 • 혈중 콜레스테롤 저하 • 장내 세균에 의해 발효
불용성 식이섬유	셀룰로스, 일부 헤미셀룰로스, 리그닌	• 분변량 증가 • 장의 연동운동 촉진 • 배변작용 촉진

hemicellulose는 식물 세포벽의 20~30%를 차지하는 복합다당류인데, 수용성과 불용성이 있다.

불용성 식이섬유는 물에 녹지 않으나 물을 보유하는 능력이 있는 식이섬유로 셀룰로스cellulose(섬유소), 일부 헤미셀룰로스, 리그닌이 포함된다. 불용성 식이섬유는 대장의 세균에 의해서 소량만 발효되고 대부분 배설되므로, 분변 부피와 분변량을 증가시키고 분변을 부드럽게 한다. 따라서 불용성 식이섬유는 대장에서 분변이 통과하는 시간을 단축시켜 배변작용을 촉진하고 변비를 예방하며 대장암 발병 위험을 감소시킨다. 셀룰로스는 글루코스가 β-1,4-글리코사이드 결합에 의해 직선상으로 연결된 복합다당류이다. 셀룰로스는 식물 세포벽의 주된 성분으로 채소와 과일을 구조적으로 지지한다. 사람은 셀룰로스 소화효소가 없어 셀룰로스를 소화시킬 수 없으나, 소와 같은

장내 세균은 무엇인가요?

장내 세균은 우리 몸의 대장에 살고 있는 400~500종류의 세균이다. 식이섬유는 장내 세균에 의해 발효되므로 장내 세균의 생장과 유지에 중요한 역할을 담당한다. 장내 세균은 장벽막을 튼튼하게 유지하고 면역력을 증진시킨다. 또한 장내 세균은 비타민 K, 비오틴(biotin) 등 일부 비타민을 합성하며, 우리 몸으로 들어온 외래물질인 생체이물(xenobiotic)과 약물의 대사에 있어서도 중요한 역할을 담당한다. 비피더스균과 유산균은 유익한 장내 세균으로, 유해한 장내 세균의 증식을 억제하며 건강에 도움을 준다. 프로바이오틱스(probiotics)는 건강에 도움을 주는 살아있는 균인데, 요구르트, 김치 등에 살아 있는 유산균이 프로바이오틱스이다. 프리바이오틱스(prebiotics)는 유익균의 먹이가 되는 영양분인데, 식이섬유 중 대장에서 발효되어 유익균의 생장을 돕는 식이섬유와 올리고당이 프리바이오틱스이다. 올리고당에는 바나나, 양파, 마늘, 우엉, 치커리 뿌리, 귀리, 호밀, 보리 등에 들어 있는 프럭토올리고당, 콩에 들어 있는 라피노스, 스타키오스 등이 있다.

초식동물은 셀룰로스가수분해효소cellulase를 가지고 있다. 채소, 과일, 곡류(특히 전곡류), 콩류, 종실류 등 모든 식물성 식품은 셀룰로스의 좋은 급원이다. 리그닌은 페놀 중합체로 셀룰로스, 헤미셀룰로스 등과 결합한 상태로 목질화된 부분의 세포벽에 들어 있는데, 고사리, 브로콜리 등의 단단한 줄기, 당근의 심 등에 들어 있다.

2. 색소

채소와 과일의 고유한 색을 주는 색소로는 지용성 색소인 클로로필chlorophyll(엽록소), 카로테노이드carotinoid와 수용성 색소인 플라보노이드flavonoid계 색소, 안토사이아닌anthocyanin, 베타레인betalain이 있다. 클로로필은 세포질의 엽록체에 존재하고, 카로테노이드는 세포질의 색소체에, 수용성 색소는 세포질의 액포 속에 들어 있다.

1) 클로로필

클로로필은 녹색의 지용성 색소로, 녹황색 채소에 풍부하게 들어 있다. 미숙한 과일에는 클로로필이 함유되어 있으나, 과일이 익어감에 따라 클로로필의 함량은 감소하고 다른 색소의 함량이 증가한다. 클로로필은 조리과정에 따라 영향을 많이 받는 색소이다. 클로로필은 산에 의해서 또는 가열에 의해 녹갈색의 페오피틴pheophytin으로 전환된다. 오이는 클로로필의 녹색을 띠지만, 오이 피클은 산에 의해 녹갈색을 띠게 되는 것과 시금치의 선명한 녹색이 물에 오래 데친 경우 녹갈색을 띠게 되는 것은 이러한 현상 때문이다. 클로로필은 알칼리성에서 짙은 청록색의 클로로필라이드chlorophillide로 전환된다. 녹색 채소를 가열할 때 알칼리성인 중조(탄산수소나트륨, 베이킹소다)를 소량 가하면 녹색이 진해지지만, 조직이 물러지고 비타민 B_1, B_2, C가 파괴되는 단점이 있다.

2) 카로테노이드

카로테노이드는 노란색, 주황색, 빨간색을 나타내는 지용성 색소로 동식물계에 널리 분포하는 색소이다. 카로테노이드는 산화 방지 활성antioxidative activity이 우수하여 건강 유지에 도움이 되는데, 특히 일부 암의 예방과 눈의 건강을 유지하는 데 도움이 된

그림 4-4 ▸▸ 채소와 과일의 지용성 색소

다. 카로테노이드는 당근, 고구마, 늙은 호박, 감, 토마토, 감귤류와 같은 붉은색 및 주황색 채소와 과일, 그리고 녹황색 채소에 많이 함유되어 있다. 녹색 채소와 미숙한 과일에 들어 있는 카로테노이드의 색이 보이지 않는 것은 클로로필의 녹색 때문이다.

카로테노이드는 분자 내에 산소를 함유하지 않는 카로텐carotene과 산소를 함유하는 잔토필xanthophyll로 분류된다. 카로텐에는 α, β, γ-카로텐과 토마토, 수박에 많이 들어 있는 라이코펜lycopene 등이 포함된다. 잔토필에는 루테인lutein과 제아잔틴zeaxanthin이 포함되는데, 시금치, 로메인 상추, 피망, 케일 등이 좋은 급원이다. α-카로텐, β-카로텐, β-크립토잔틴과 같은 일부 카로테노이드는 프로비타민 Aprovitamin A로 작용한다. 카로테노이드는 산, 알칼리 및 가열 조리에 비교적 안정하지만, 이중결합을 많이 가지고 있으므로 산소와 접촉하면 산화되기 쉽다.

3) 플라보노이드

플라보노이드계 색소는 안토잔틴anthoxanthin 색소를 지칭한다. 안토잔틴은 무색(백색) 또는 담황색을 띠는 수용성 색소로 대부분 당과 결합된 배당체(글리코사이드glycoside)로 존재한다. 안토잔틴은 양파, 연근, 우엉, 무, 감자, 고구마, 배추 줄기, 꽃양배추 등에 들어 있다. 안토잔틴은 산성에서는 안정하지만, 알칼리성에서 황색이나 갈색으로 변한다. 안토잔틴은 가열하면 배당체의 당이 분리되어 색이 더 진해지는데, 가열한 감자, 고구마가 생것보다 담황색이 더 진한 것은 이러한 현상 때문이다.

4) 안토사이아닌

안토사이아닌은 채소와 과일의 빨간색, 보라색, 파란색 등의 색을 띠는 수용성 색소이다. 색소의 본체가 되는 비배당체(아글리콘aglycone)인 안토사이아니딘anthocyanidin과 안토사이아니딘에 당이 결합된 배당체인 안토사이아닌을 함께 안토사이아닌이라고 총칭한다. 안토사이아닌은 체리, 딸기, 사과, 복숭아, 자두, 라즈베리, 블랙베리, 포도, 석류, 가지, 자색 양배추, 자색 양파 등에 들어 있다. 안토사이아닌은 조리과정에서 매우 불안정한 색소인데, 이러한 변화는 가역적이다. 안토사이아닌은 산성에서 빨간색, 중성에서는 보라색, 알칼리성에서 식욕을 감퇴시키는 청록색을 나타낸다. 자색 양배추를 조리할 때 레몬즙을 첨가하면 붉은색을 띠는 것은 이러한 현상 때문이다.

5) 베타레인

베타레인은 베타사이아닌betacyanin과 베타잔틴betaxanthin으로 분류되는데, 비트beet와 순무turnip에 함유되어 있다. 베타사이아닌은 빨간색을, 베타잔틴은 노란색을 띤다. 베타레인은 산성에서 선명한 빨간색, 중성이나 약알칼리성에서 검붉은 색을 띠는 파란색을 나타낸다.

그림 4-5 ▸▸ 채소와 과일의 수용성 색소

3. 향미 성분

채소의 고유한 향미는 소량의 유기산, 휘발성 알데하이드, 알코올, 케톤, 에스터ester 성분에서 비롯된다. 마늘, 양파, 파, 부추 등의 백합과채소에는 유기황화합물이 함유되어 있다. 이들 채소는 썰거나 다지기 전에는 냄새가 나지 않지만, 썰기 또는 다지기에 의해 조직이 파괴되면 효소인 알리네이스allinase가 황화합물과 접촉하여 효소반응에 의해 강한 냄새 성분을 생성한다. 마늘에는 알릴기를 가진 황화합물인 알린allin이, 양파에는 프로필기를 가진 황화합물인 알린이 들어 있어 조리과정에서 세포가 파괴되어 상온에서 활성을 나타내는 알리네이스와 만나면 매운맛 성분인 알리신allicin으로 전환된다. 알리신은 매우 불안정하므로 마늘의 경우 다이알릴설파이드, 다이알릴다이설파이드, 다이알릴트라이설파이드로 분해되어 특유의 강한 냄새와 매운 맛을 나타낸다. 이에 반해 양배추, 배추, 겨자 등에는 유기황화합물인 시니그린sinigrin이 들어 있는데, 이 채소들을 가온하면 활성 온도가 40℃인 미로시네이스myrosinase에 의해 시니그린이 효소반응을 일으켜 독특한 냄새와 맛을 준다.

과일의 주된 휘발성 향기 성분은 에스터 화합물이며, 그 외에 알데하이드, 알코올, 유기산 등이 포함된다. 과일을 오래 가열하면 휘발성 화합물이 손실되므로 과일의 향도 감소된다. 과일의 주된 맛 성분은 단맛과 신맛을 내는 물질이다. 단맛은 유리당인 프럭토스, 수크로스, 글루코스에서 비롯되며, 신맛은 여러 종류의 유기산에 의한다. 미숙한 과일에는 유기산이 많이 함유되어 있으나, 과일이 숙성됨에 따라 점차 감소하게 되어 신맛이 감소된다. 일반적으로 성숙한 과일의 유기산 함량은 0.3~0.7%이나 귤, 오렌지, 레몬, 자몽 등 감귤류는 유기산 함량이 높다. 과일의 유기산 중 사과, 배, 복숭아, 체리, 살구에는 말산malic acid(사과산), 감귤류와 토마토, 파인애플에는 시트르산citric acid(구연산)이 많이 들어 있다. 타타르산tartaric acid(주석산)은 포도에 많이 들어 있다.

4. 파이토케미컬

파이토케미컬은 파이토phyto(식물)와 케미컬chemical(화학물질)이 합쳐진 단어로, 식물에 존재하는 성분 중 영양소는 아니지만, 건강에 유익한 생리 활성을 가진 미량 화학물질을 지칭한다. 파이토케미컬은 주로 식물의 색과 향을 결정하고, 식물이 외부 환경으로부터 자신을 보호하는 성분으로, 8,000여 종이 알려져 있다. 채소류, 과일류, 콩류, 곡류는 파이토케미컬의 주요 급원식품이며, 식물의 색에 따라 다른 종류의 파이토케미컬이 존재한다. 따라서 빨간색, 초록색, 노란색, 흰색, 보라색 등 다양한 색의 채소와 과일을 섭취하면 다양한 파이토케미컬의 건강 증진 효과를 기대할 수 있다. 파이토케미컬의 분류와 각 파이토케미컬의 생리 활성은 '제9장 기능성 성분'에서 자세히 다루고자 한다.

5 우유 및 유제품

포유동물의 유즙 중 인간이 가장 많이 이용하는 것이 우유이다. 우유는 인간이 필요로 하는 거의 모든 영양소를 고루 함유하고 있으며 기원전 4000년경 식품으로 이용하기 시작했을 정도로 오래전부터 건강식품으로 여겨왔다. 특히 우유는 1컵(200 mL)당 200 mg 정도로 많은 칼슘을 함유하고 있을 뿐 아니라 흡수되기 쉬운 상태로 존재하는 칼슘의 좋은 급원이다. 칼슘은 한국인에게 부족되기 쉽고, 흡수율도 매우 낮은 영양소로서 우유를 마셔 칼슘을 공급해 주어야 한다. 우유는 성장기 어린이나 임신부는 하루에 3잔(600 mL) 이상, 성인과 노인은 하루에 2잔(400mL) 정도 마시는 것이 좋다.

우유는 생산과정에 따라 유기농, 무항생제, 일반우유로 분류하며, 공정과 성분에 따라 저온살균우유, 고온살균우유, 일반우유, 저지방우유, 무지방우유 등으로 나눈다. 최근에는 DHA, 프로바이오틱스 등 각종 성분을 첨가한 강화우유, 프리미엄 우유 등이 많은 인기를 누리고 있으며, 일반우유보다는 저지방우유, 무지방우유, 그리고 치즈와 같은 유제품 소비가 증가하는 경향을 보이고 있다.

1. 우유의 영양

우유의 영양 성분은 품종, 사료, 계절 등의 영향을 받아 그 함량이 다르다. 우유는 수분 함량이 87~88% 정도이며, 단백질 2.7~4.4%, 지방질 3~4%, 탄수화물 4.5~5.5%, 무기질 0.5~1% 등이 함유되어 있다.

1) 단백질

우유 단백질은 산이나 레닌에 의해 응고되는 카제인 단백질이 약 80%를 차지한다. 카제인 단백질이 산이나 레닌에 의해 응고되는 성질을 이용하여 치즈cheese를 만드는데, 산 응고 치즈는 응고과정에서 칼슘이 손실되지만 레닌 응고 치즈에 비해 탄력성이 크다. 코티지 치즈cottage cheese는 대표적 산 응고 치즈이다. 한편 산이나 레닌에 의해 응고되지 않는 유청에 존재하는 유청 단백질에는 β-락토글로불린, α-락트알부민 등이 있으며 이들은 열에 의해 쉽게 응고된다.

2) 지방질

유지방의 98% 정도는 중성지방질이며 소량의 인지방질, 당지방질, 스테롤 등을 함유하고 있다. 유지방을 구성하는 지방산의 대부분은 탄소수가 4~10개인 저급 지방산으로 소화, 흡수가 잘되고 독특한 향미를 제공하지만 변패취의 원인이 되기도 한다.

3) 락토스

락토스lactose(유당)는 우유의 주 탄수화물이다. 락토스는 설탕의 15% 정도의 단맛을 내며, 용해도가 매우 낮아 쉽게 결정화하기 때문에 락토스의 농도가 높은 탈지분유를 아이스크림에 첨가하면 모래알 씹히는 것과 같은 거친 질감을 나타낸다. 락토스는 장내 세균에 의해 유산으로 전환되어 장내 유산균의 증식을 촉진하고 정장작용을 하며 칼슘의 흡수를 촉진한다. 특히 모유에 함유된 락토스는 유아의 장운동이 잘 일어나도록 도와준다.

4) 칼슘

칼슘은 우유의 주요 무기질이다. 칼슘의 가장 좋은 급원은 우유, 요구르트, 치즈와 같은 우유 및 유제품이다 표 5-1. 멸치, 뱅어포 등과 같은 뼈째 먹는 생선은 칼슘 함량이 매우 높지만, 한 번에 먹을 수 있는 양이 상대적으로 적고 흡수율도 우유 및 유제품이 비해 떨어진다. 식품 중 칼슘의 흡수 정도는 칼슘의 형태와 함께 들어 있는 다른 성분의 영향을 받는다. 비타민 D, 락토스, 비타민 C, 단백질 등은 칼슘의 흡수를 촉진

유당 불내증

유당 불내증(lactose intolerance)은 락토스(유당) 분해효소인 락테이스(lactase) 부족으로 락토스가 분해되지 못하고 대장 세균에 의해 발효되어 가스를 생성하여 배에 가스가 차거나 복통, 설사 등 증상이 나타나는 것이다. 한국인의 75%에서 볼 수 있는 흔한 증상으로 우유, 유제품의 섭취를 제한 또는 반 컵 정도의 우유를 식사와 함께 섭취하거나 락토스가 분해된 우유, 치즈, 요구르트 등을 섭취하면 도움이 된다. 우유 및 유제품을 전혀 섭취할 수 없는 경우에는 두유와 같은 대체식품을 이용하여 칼슘과 리보플라빈 등을 보충해 주도록 한다. 모유를 먹는 아기는 락토스 분해효소가 풍부하지만, 이유기를 거치면서 서서히 줄어들기 때문에 유당 불내증은 유아나 어린이보다 성인에서 흔히 볼 수 있다.

표 5-1 ▸ 식품의 칼슘 함량

식품	함량(mg/100 g)	식품	함량(mg/100 g)	식품	함량(mg/100 g)
멸치(건조)	1,825	멸치(생것)	509	버터	123
뱅어포	982	분유	446	우유	105
미꾸라지	780	무청	249	달걀	47
치즈	740	고춧잎	211	시금치	43

출처: 김화영 외, 2005

하며 인산, 옥살산oxalic acid(수산), 피트산phytic acid, 식이섬유, 지방은 칼슘의 흡수를 방해한다. 피트산은 곡류의 껍질에 많고, 옥살산은 시금치, 순대 등 녹색 채소에 많아 칼슘 함량은 높지만 칼슘의 좋은 급원이 아니다. 식품 속의 칼슘과 인의 비율은 1:1일 때 가장 흡수율이 좋다.

체내 칼슘의 99% 정도는 뼈와 치아에 존재하며, 만일 칼슘이 결핍되면 아동은 뼈가 정상적으로 자라지 못하여 구루병이 발생하고, 성인은 골다공증에 의해 골절이 되기 쉬우므로 중년 이후에도 골다공증의 예방을 위해 우유를 통해 충분한 칼슘을 공급해 주어야 한다. 성인 남녀의 1일 칼슘 권장량은 각각 800 mg, 700 mg이며, 성장이 빠른 15~18세 남녀의 1일 필요량은 각각 900 mg, 800 mg이다. 또한 근육의 정상적인 수축과 이완에도 칼슘이 필요하고 신경전달물질의 분비를 촉진하여 정상적인 신경전달, 세포막의 투과성 조절, 혈액 응고에도 중요한 역할을 한다. 칼슘을 장기간 과잉 섭취하면 신장결석 등이 나타날 수 있다.

5) 리보플라빈

우유 100 g 중에는 0.17 mg 정도의 리보플라빈riboflavin이 함유되어 있다. 리보플라빈은 열에 안정하나 햇빛이나 형광등 빛에 노출되면 빠르게 분해되므로 우유 및 유제품은 종이와 같은 불투명한 재질의 포장 용기를 사용해야 한다. 리보플라빈은 체내에서 산화·환원 조효소로 작용하여 탄수화물, 단백질, 지방의 에너지 대사과정에 필수적이고 성장과 발육을 촉진하며, 결핍되면 구각구순염, 설염, 성장 지연 등이 나타난다.

2. 시유

시유city milk, market milk는 우유를 가열·살균하여 소비자가 위생상 안전하게 마실 수 있도록 작은 용량으로 포장된 것이다. 열처리 전 우유를 원유 또는 생우유라고 하며, 시판되는 우유를 시유라고 한다. 소비자의 기호에 맞게 우유의 일반 조성분 함량을 조절하거나 맛과 향을 변화시키거나 가열처리 방법이 다른 여러 종류의 시유가 생산되고 있다.

1) 우유의 살균

우유는 영양 성분을 고루 함유하고 수분 함량도 높아 미생물이 번식하기 좋으므로 살균과정을 거쳐 존재하는 미생물과 유해효소를 파괴하여 위생적 안전성과 저장 수명을 높일 수 있다. 우유의 살균법에는 저온살균법, 고온살균법, 초고온살균법 등이 있으며, 가열 살균 후에는 곧 10℃ 이하(공장에서는 4℃까지)로 냉각하여 보존한다.

- 저온살균법: 파스퇴르Louis Pasteur가 포도주의 변질을 막기 위해 고안한 가열살균법을 우유에 응용한 것으로 62~65℃, 30분간 가열한다. 저온살균우유는 최소한의 가열로 병원성 미생물 중 결핵균의 사멸을 목적으로 하므로 단백질의 변성이 가장 적으나 쉽게 변질되는 단점이 있다.
- 고온살균법: 72~75℃, 15~20초간 가열하며 가장 보편적으로 사용하는 방법이다.
- 초고온살균법: 살균처리우유는 냉장 보관하여 유통되는데, 냉장 보관하지 않고도 안정하게 유통 저장할 수 있는 방법으로 130~150℃, 1~5초간 가열한다. 살균시간이 짧기 때문에 대량생산이 가능하고 대부분의 미생물과 포자가 파괴되지만 고온의 열처리로 가열취, 즉 익은 냄새가 나는 것이 특징이다.

유럽이나 낙농 선진국에서 저온살균우유가 주를 이루는 것에 비해, 우리나라에서 생산되는 우유 대부분이 초고온살균법을 이용하는 것은 유통기한을 늘릴 수 있기 때문이다. 맛과 영양을 강조하는 프리미엄 우유 대부분은 저온살균 방식으로 생산한다.

2) 우유의 영양소 강화

우유는 어린 동물의 성장·발육에 필요한 영양소를 함유한 영양적으로 우수한 식품이지만 모유에 비해 부족한 영양소를 첨가하여 강화 처리하기도 한다. 주로 비타민 A와 D를 강화하며, 유아용 조제분유는 철과 비타민의 강화가 필수적이다. 여러 나라의 어린이들은 비타민 A를 다른 급원으로 섭취하기 어려우므로 비타민 A 강화 우유를 이용한다.

비타민 D는 소장에서 칼슘의 흡수에 중요한 영양소이다. 일반적으로 우유 1 L당 비타민 A는 2000 IU, 비타민 D는 400 IU, 철은 10 mg 이상이어야 강화 우유이며, 첨가되는 영양 성분의 종류와 양을 소비자에게 알려 주어야 한다.

3) 콜드 체인 시스템

우유는 영양소가 풍부하여 미생물이 자라기에 좋은 환경이므로 착유하는 즉시 오염이 문제가 된다. 따라서 착유 후 바로 냉각 탱크로 옮겨 신속히 7℃ 이하로 냉각시켜 세균이 번식하지 못하도록 보관한다. 하루 한 번씩 냉장 시스템을 갖춘 우유 수송 탱크 차량에 의해 공장으로 운반되는데, 이때에도 우유의 온도가 5℃ 이상이 되지 않도록 세심한 주의를 기울인다. 공장에서 생산된 제품을 출고하여 소비자가 마실 때까지 전 유통과정이 완전히 냉장 상태로 보존되는 콜드 체인 시스템cold chain system이 이루어지고 있다. 이는 우유를 신선하고 영양 성분의 파괴 없이 소비자들이 이용할 수 있도록 한 것이다.

3. 우유 및 유제품의 종류

1) 저지방우유와 무지방우유

저지방우유low-fat milk와 무지방우유skim milk는 원유에서 지방을 제거하여 지방 함량을 낮춘 제품이다. 저지방우유는 유지방 함량이 0.6~2.6%이며, 유지방을 제외한 다른 영양소 함량은 전유whole milk와 동일해야 한다. 무지방우유는 제거 가능한 유지방을 거의 제거한 것으로 0.5% 이하의 유지방을 함유하고 있다.

저지방우유와 무지방우유는 점성이 조금 낮고 고소한 맛도 적다. 지방을 제거할 때 비타민 A도 함께 제거되므로 비타민 A를 강화하기도 한다.

저지방우유와 무지방우유는 아라비아검 등을 넣어 우유에 침전물이 생기지 않도록 하고, 코코넛기름과 같은 식물성 유지를 이용해 지방 제거로 인한 밋밋한 맛에 풍미를 더해 일반우유와 비슷한 맛이 나도록 하고 있다.

2) 농축유

농축유concentrated milk는 우유 수분의 60% 정도 증발시켜 만든 것이며, 설탕의 첨가 여부에 따라 가당연유와 무당연유로 나뉜다. 가당연유는 전유나 탈지유에 당을 첨가하여 농축한 것으모 당 함량은 58% 이하이며 보존성이 좋다.

3) 분유

분유milk powder는 우유에 비해 저장성이 좋고 운반이 편리하다. 우유를 끓여 크림을 제거한 나머지 액체를 햇빛에 말린 것(분유)을 칭기스칸의 병사가 휴대식품으로 사용했다고 알려져 있다. 분유는 원료유를 그대로 건조시켜 분말화한 전지분유, 우유에서 지방을 제거한 탈지우유를 건조한 탈지분유, 모유의 영양 조성을 기준으로 재조합한 조제분유가 있다. 조제분유는 아기의 소화 능력에 맞추어 철, 인, 칼슘 등 필요 성분을 최대한 비슷하게 만든 제품으로 영유아의 성장, 발달에 필요한 무기질, 비타민 등의 영양소를 첨가하여 분말이나 액상으로 만든다.

조제분유와 우유의 큰 차이점은 단백질의 구성성분이다. 분유는 카제인과 유청단백질이 모유와 가까운 40:60인 반면, 우유는 80:20이다. 유청단백질은 두뇌 성장이 왕성한 유아기에 가장 중요한 에너지 공급원으로 알려져 있다. 액상 조제분유는 생우유처럼 액상으로 젖병이나 보온병이 필요하지 않아 간편하게 수유할 수 있고 세계보건기구WHO에서 세균 감염 위험이 높은 미숙아와 고위험군 아이에게도 권장할 정도로 안전해서 안심하고 먹일 수 있다.

이외에 우유 중의 단백질에 의해 발생하는 우유 알레르기를 막기 위해 우유 단백질을 가수분해한 저알레르기 분유, 락토스로 인한 설사나 우유 알레르기 등이 있는 유아를 위해 두유를 주원료로 특수 조제한 대두 분유, 선천성 대사 이상 유아를 위한 특수 분유 등이 있다.

4) 향 첨가 우유

향 첨가 우유는 우유에 초콜릿, 딸기, 커피, 바나나 등의 향료와 설탕을 첨가하여 여러 가지 맛과 향을 낸 가공 우유이며 딸기, 바나나 등은 이들 우유에 거의 들어 있지 않다. 즉, 딸기우유 200 mL에는 딸기 농축과즙이 1~3% 정도에 불과하고, 딸기향 합성 착향료를 사용하여 특유의 딸기향을 낸다.

5) 발효유

1905년 메치니코프E. Metchnikoff에 의해 코카서스 지방에 장수자가 많은 것은 이들이 일상적으로 마시는 발효유가 장내 이상 발효와 위장 질환을 방지하기 때문이라는 것이 알려지면서 전 세계적으로 발효유 소비가 급속히 증가하였다. 발효유는 우유 또는 탈지유에 유산균을 배양하여 락토스를 발효시켜 젖산이나 알코올을 생성하여 특수한 풍미를 갖도록 만든 것이다. 발효유는 유산균의 번식으로 유해균과 병원균의 발육을 억제하고, 장에서 유해균의 증식을 막아 주는 정장작용을 하며, 장내에서 소화·흡수가 잘 된다.

발효유는 유산균의 수에 따라 발효유(1 mL당 유산균이 1천만 마리 이상)와 농후 발효유(1 mL당 유산균이 1억 마리 이상)로 나누어지며, 발효유는 국내에서 가장 소비량이 많은 유제품이다. 유산균은 락토스를 분해하므로 유산균이 풍부한 농후 발효유는 유당 불내증 환자도 부담없이 먹을 수 있다. 농후 발효유에는 떠먹는 형태의 호상 요구르트와

그릭(Greek) 요구르트란?

일반 요구르트와 달리 발효에 의해 응고된 우유를 압착해 유청을 제거하여 더 단단하고 흐르지 않는 그리스식 요구르트이다. 그릭 요구르트는 일반 요구르트보다 단백질 함량이 높고 유산균 수도 많아 장 건강에 더 좋다. 칼로리에 비해 포만감이 있고 고단백식품이므로 다이어트에도 좋다. 또한 유청이 제거되어 락토스 함량이 적어 유당 불내증인 사람도 먹을 수 있다.

마시는 형태의 드링크 요구르트가 있다. 호상 요구르트는 과육이나 과일잼을 첨가하는 경우가 많으며, 드링크 요구르트는 호상 요구르트와 동일하나 배양한 다음 응유물(커드curd)을 분쇄하여 점도를 낮춰 마실 수 있도록 만든 것이다. 유산균 음료는 일종의 청량음료로서 희석한 유산균 발효액에 과즙, 과육, 향료 등을 첨가하여 신맛을 내며, 1 mL당 100만 마리 이상의 유산균이 들어 있다.

6) 크림

크림cream은 우유에서 분리한 지방층으로 최소 18%의 지방을 함유한다. 크림은 유지방 함량에 따라 여러 종류로 나뉘며 용도도 다르다. 커피크림은 18~30%, 가벼운 휘핑크림은 30~36%, 무거운 휘핑크림은 36% 이상의 유지방을 함유한다. 무거운 휘핑크림은 거품성이 좋아서 생크림 케이크 등의 장식용으로 사용된다. 우유와 크림을 혼합하여 유지방을 10.5~18%로 조절한 하프앤하프half-and-half는 다른 크림에 비해 칼로리가 낮으며 커피크림으로 이용한다.

7) 버터

버터는 우유에서 분리한 크림을 교반churning하여 지방 입자를 분리하여 물이 지방에 분산되도록 유화시킨 대표적인 유중수적형 유화액이다. 버터는 유지방 함량에 따라 일반버터와 가공버터, 젖산균 발효 유무에 따라 발효버터와 천연버터(감성버터sweet butter), 소금 첨가 유무에 따라 가염버터(소금 1~2% 첨가)와 무염버터로 나눈다.

일반버터는 80% 이상의 유지방과 18% 정도의 수분을 함유하고 있으며, 가공버터는 유지방 30% 이상, 수분 18% 이하이며 여러 첨가물이 들어 있다. 발효버터는 젖산균을

식물성 생크림

식물성 생크림은 코코넛기름과 같은 식물성 유지에 옥수수시럽, 설탕, 유화제를 넣어 만든 가공유크림으로 유지방성분이 18% 이상이다. 우유의 지방 성분인 우유 크림을 거품 낸 것(동물성 생크림)에 비해 우유 향이나 고소한 맛은 없지만 가격이 저렴하고 유통기간이 길다. 또한 동물성 생크림은 충분히 잘 휘핑하여 생크림 케이크 특유의 모양 유지가 어렵지만, 식물성 생크림은 생크림 케이크의 화려한 모양을 잘 유지하므로 식물성 생크림을 단독 또는 동물성 생크림과 혼합 사용하는 경우가 많다.

넣어 발효시킨 버터이며 천연버터에 비해 수분 함량이 높고 보관기간이 짧다. 버터는 오래 보관하면 지방의 산화에 의한 변질이 일어나므로 냉장 보관하고, 포장지를 버터 표면에 밀착시키고 밀폐 용기에 담아 공기와 광선을 차단하도록 한다. 반드시 밀폐용기에 넣어 다른 식품으로부터 냄새를 흡수하지 않도록 한다.

8) 치즈

치즈는 종류에 따라 영양 성분에 차이가 있지만 대부분의 치즈는 단백질, 지방, 칼슘, 비타민 A, 비타민 B 등이 풍부하며, 특히 칼슘 함량이 높다. 치즈가 응고될 때 락토스는 유청으로 대부분 빠져 나가기 때문에 유당 불내증을 가진 사람도 즐길 수 있다.

(1) 자연치즈

자연치즈는 전유, 탈지유, 크림 또는 버터밀크에 젖산균, 응유효소(레닌), 유기산 등을 이용하여 카제인을 응고시켜 얻은 응유물인 생치즈와 이를 숙성시킨 숙성치즈가 있다. 자연치즈는 우유를 발효 숙성시켜 건강에 유익한 유산균이 살아 있으며 치즈 특유의 풍미를 느낄 수 있다. 숙성된 치즈는 숙성과정을 통해 치즈 특유의 향, 맛, 조직감을 갖는다. 자연치즈는 수분 함량과 숙성 정도에 따라 분류된다 표 5-2.

그림 5-1 ▶ 치즈의 종류

모조치즈

모조치즈는 팜기름과 같은 식용유에 화학조미료, 색소, 유화제를 넣어 치즈와 유사하게 만든 것으로, 치즈 고유의 영양 성분이 없으며 주로 저가형 피자에 사용한다.

표 5-2 ▸ 자연치즈의 분류

분류	수분(%)	숙성 관여 미생물	종류
연질치즈	55~80	곰팡이 숙성시키지 않음	카망베르, 브리 코티지, 크림, 모차렐라
반경질치즈	45~55	세균 곰팡이	브릭, 림버거 로케포르, 스틸톤, 고르곤졸라
경질치즈	34~45	세균(가스 구멍 있음) 세균(가스 구멍 없음)	에멘탈, 고다, 에담 체다, 콜비
초경질치즈	30~35	세균	파마산, 로마노, 삽사고

(2) 가공치즈

가공치즈는 여러 종류의 자연치즈를 혼합, 분쇄하고 여기에 유화제를 넣고 가열·융해하여 포장, 냉각한 것으로 과일, 채소, 향료 등을 넣어 가공하기도 하며 자연치즈유래 유고형분이 18% 이상이다. 가공치즈는 가열 처리되어 보존성이 좋고 경제적이며, 원료 치즈의 배합에 따라 기호에 맞는 맛을 낼 수 있고 강한 천연치즈 맛을 싫어하는 사람이 즐겨 먹는다.

4. 우유 및 유제품의 선택

1) 우유의 등급

원유는 세균수, 체세포수, 유지방, 유단백 함량을 기준으로 가격이 결정되는데, 우유의 위생적 안전성을 나타내는 세균수, 체세포수와 달리 우유의 맛에 영향을 주는 유지방, 유단백은 좋은 우유의 필수조건은 아니므로 식품표시를 잘 활용하여 개인의 기호에 맞게 선택하도록 한다.

표 5-3 ▶ 원유의 위생등급기준

구분		기준(개/mL)
세균수	1A등급	3만 미만
	1B등급	3만~10만 미만
	2등급	10만~25만 미만
	3등급	25만~50만 미만
	4등급	50만 이상
체세포수	1등급	20만 미만
	2등급	20만~35만 미만
	3등급	35만~50만 미만
	4등급	50만~75만 미만
	5등급	75만 이상

그림 5-2 ▶ 일반우유의 식품표시

우유는 세균수를 기준으로 5개의 등급(1A등급~4등급)으로 나뉜다. 젊고 건강한 젖소가 생산하는 원유일수록 세균수가 적으며, 세균수가 적을수록 등급이 높고 신선한 우유이다 표 5-3. 시판 중인 우유의 80% 이상이 1등급 이상이고 등급표시는 우유의 식품표시에서 확인할 수 있다. 한편 체세포수를 기준으로 5개 등급(1등급~5등급)으로 나누며, 유방암에 걸리지 않은 건강한 젖소일수록 체세포수가 적다. 체세포수가 표시된 우유는 많지 않다.

2) 원유의 종류

딸기우유, 초콜릿우유와 같은 향 첨가 우유는 환원유reconstituted milk로 만드는 경우가 많다. 환원유란 전지분유, 농축유 등을 다시 물로 희석하여 원유의 고형분 함량대로 환원시켜 일반우유처럼 만든 것으로 일반우유에 비해 신선도와 품질이 떨어진다 그림 5-3.

그림 5-3 ▸ 일반우유 및 환원 저지방우유를 사용한 딸기우유의 식품표시

3) 기타

발효유, 향 첨가 우유 등에는 천연 과즙이 들어가는 경우도 있으나 대부분 합성착색료, 합성착향료로 색깔과 향을 낸다. 이외에 산도조절제, 유화제, 안정제, 합성감미료(아스파탐, 수크랄로스 등), 그리고 점도와 촉감을 좋게 하기 위해 펙틴, 카라기난, 젤라틴, 변성전분 등을 사용한다. 또한 설탕 무첨가라고 하지만 원재료를 보면 액상과당, 정백당, 글루코스와 같은 당류가 포함되어 있기도 하고, 그 양이 탄산음료와 비슷한 수준의 제품도 있으므로 탄수화물 중 당류가 차지하는 비율과 함께 열량을 확인하도록 한다 표 5-4.

표 5-4 ▸ 우유 및 유제품의 열량

종류	열량 (kcal/100 mL)	종류	열량 (kcal/100 mL)	종류	열량 (kcal/100 g)
일반우유	65	바나나맛우유(라이트)	58.3	플레인 요구르트(호상)	77.8
2% 저지방우유	40	딸기맛우유	81.3	딸기 요구르트(호상)	94.4
딸기우유	60	요구르트(액상)	69.2	플레인 요구르트 (1/3 로슈가, 호상)	73.3
초콜릿우유	60	드링킹 그릭 요구르트(플레인)	79.4	플레인 요구르트 (25% 라이트슈가, 호상)	81.3
커피우유	60	드링킹 요구르트(플레인)	86.7	그릭 요구르트(호상)	94.4
바나나맛우유	87.5	드링킹 그릭 요구르트(딸기)	80.7		

6 유지

1. 지방질의 기능
2. 지방질의 종류와 구조
3. 식용유지의 종류
4. 가공과 저장 중 식용유지의 산화
5. 에멀션 식품
6. 기능 지방질
7. 지방 대용물

유지는 상온에서 고체 상태인 지방fat과 액체 상태인 기름oil을 모두 아우르며, 화학적으로는 대부분 지방질 구조를 가지며, 유지 종류에 따라 다소 차이는 있지만 색소 등 미량 성분을 포함한다. 유지는 영양소 중 체내에 지방질을 공급하는 중요한 식품으로 조리, 가공, 저장 중 산화 반응 등에 의해 그 특성이 변할 수 있다.

1. 지방질의 기능

지방질lipid은 일반적으로 물에 녹지 않고 유기용매에 녹는 화합물로 탄수화물, 단백질과 함께 3대 영양소의 하나이다. 지방질은 체내에서 에너지 저장과 공급, 체온 유지, 세포막 구성 성분, 필수지방산의 공급과 지용성 비타민의 체내 흡수 지원, 프로스타글란딘prostaglandin 생성, 화학적 메신저chemical messenger 등 중요한 기능을 수행한다. 또한 식품에서의 지방질 함량은 식품의 향미flavor와 조직감texture과 밀접하게 연관되어 있다.

1) 에너지의 저장과 공급

지방질은 다른 영양소에 비하여 단위무게당 제공하는 에너지가 높아(9 kcal/g) 유아와 어린이에게는 매우 효율적인 에너지 영양소이지만, 1살 이후에는 에너지원으로 지방질을 이용하는 것에 대한 특별한 장점은 없다. 또한 지방질을 지나치게 많이 섭취하면 비만과 심혈관 질환 등을 유발할 수 있다. 에너지원으로 사용되고 남는 지방질은 거의 무제한으로 체내 지방세포에 저장된다.

향미와 조직감은 어떻게 다른가요?

향미는 음식의 향기로운 맛으로 식품의 겉모양과 관계되는 관능 성질인 조직감(텍스처)을 포함한다. 즉, 향미는 혀의 맛봉오리에서 느끼는 다섯 가지 맛(단맛, 짠맛, 신맛, 쓴맛, 감칠맛)과 입에서 느끼는 떫음, 조직감 그리고 방향의 복합적인 관능 성질이다.

2) 체온 유지

피하지방, 특히 갈색지방은 단열 기능이 높아 추위로부터 우리 몸을 보호하는데, 아기들은 갈색지방 함량이 높다.

3) 세포막 구성 성분

지방질 중 리놀레산linoleic acid과 리놀렌산linolenic acid 등은 세포막의 주요 성분인 인지방질을 구성하고 있으며, 세포막의 유동성과 탄력성에 기여한다.

4) 필수지방산의 공급과 지용성 비타민의 체내 흡수 지원

지방질식품은 체내에서 합성되지 않는 리놀레산과 리놀렌산을 공급하며, 이들 필수지방산의 결핍은 피부염, 혈소판 감소, 성장 장애, 감염 감수성 증가 등을 초래한다. 또한 지방질은 비타민 D, 비타민 E와 같은 지용성 비타민의 체내 흡수에 필요한 도구로 작용한다.

5) 프로스타글란딘 생성

지방질 중 리놀레산과 리놀렌산 등 필수지방산은 프로스타글란딘의 전구체로 작용하며, 이들은 발열, 통증, 염증, 혈액 응고에서 중요한 역할을 수행한다.

6) 화학적 메신저

모든 다세포 생물은 한 세포에서 다른 세포로 정보를 보내기 위해 화학적 메신저를 사용하는데, 지방질의 일종인 스테로이드 호르몬steroid hormone 등은 물에 녹지 않고 크기가 작아 막에 침투하여 다른 세포에게 신호를 전달한다.

7) 식품의 맛과 포만감 증진

식품에 함유되어 있는 지방질은 대체로 입안 촉감mouthfeel과 향미를 북돋운다. 또한 탄수화물과 단백질만을 함유한 식품에 비해 지방질을 함유한 식품은 더 오랫동안 식욕에 대한 만족감이 높다. 이와 함께 지방질은 포만감을 조절하는 뇌에 영향을 미치는 것은 물론, 위의 운동을 늦추어 오랫동안 포만감을 느끼게 한다.

2. 지방질의 종류와 구조

1) 지방질의 분류

지방질은 단순지방질, 복합지방질, 유도지방질로 구분된다. 단순지방질simple lipid은 지방산fatty acid과 글리세롤glycerol로 이루어져 있으며, 식용유지는 대부분 3개의 지방산과 글리세롤이 에스터ester 결합을 이루고 있는 트라이아실글리세롤triacylglycerol, TAG로 구성되어 있다 그림 6-1. 이외에도 지방산과 고급 알코올alcohol의 에스터 화합물인 왁스wax도 단순지방질에 속한다.

복합지방질complex lipid은 지방산과 글리세롤의 에스터에 당 또는 인산화합물이 더 결합된 지방질로 당지방질, 인지방질, 스핑고지방질sphingolipid 등이 있다. 인지방질phospholipid은 세포막의 구성 성분으로 포스파티딜콜린phosphatidylcholine, 포스파티딜에탄올아민phosphatidylethanolamine 등으로 구성되어 있다 그림 6-2. 식품산업에 널리 사용되는 인지방질의 예로는 콩과 달걀노른자에서 추출한 레시틴lecithin을 들 수 있으

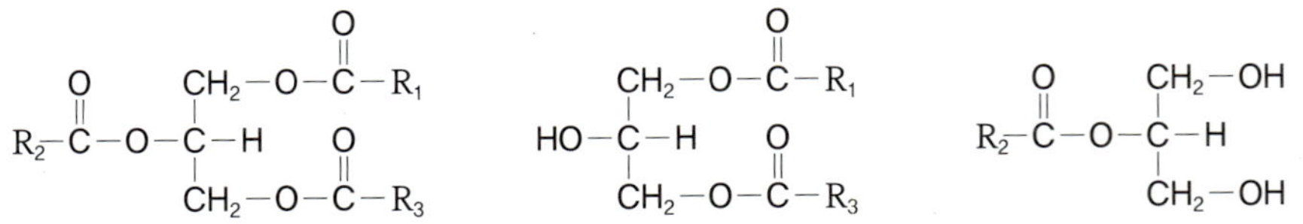

TAG　　DAG(diacylglycerol)　　MAG(monoacylglycerol)

그림 6-1 ▸ TAG, DAG, MAG 구조

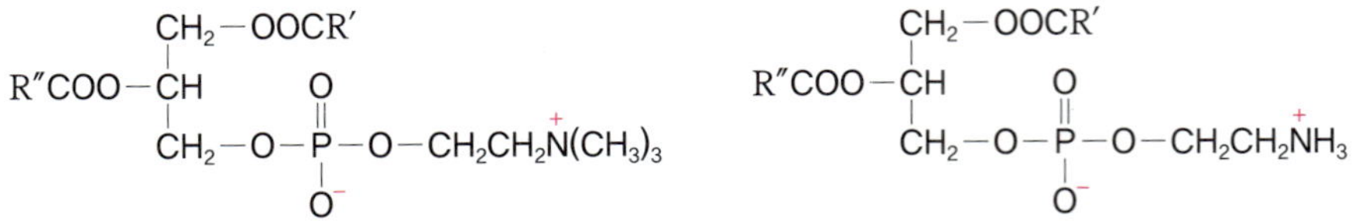

phosphatidylcholine　　phosphatidylethanolamine

그림 6-2 ▸ 인지방질의 구조

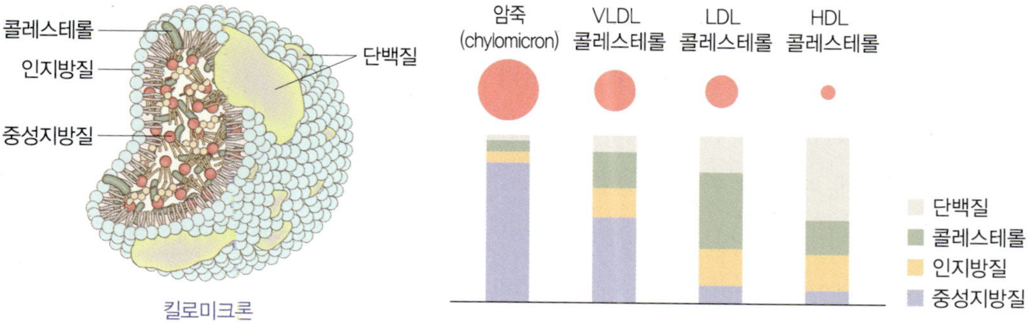

그림 6-3 ▸▸ 지방질단백질의 구조

며, 이들은 여러 종류의 인지방질이 혼합된 것이다.

유도지방질derived lipid은 단순지방질과 복합지방질의 가수분해에 의해서 얻어지는 지방질로서 지방산, 스테로이드 등이 있다. 스테로이드의 한 종류인 콜레스테롤 cholesterol은 많은 동물의 세포막과 혈액에 위치해 있으며, 혈액에는 단백질과 중성지방질, 콜레스테롤, 인지방질이 결합된 지방질단백질lipoprotein의 형태로 존재한다. 좋은 콜레스테롤로 알려져 있는 고밀도지방질단백질high density lipoprotein, HDL 콜레스테롤은 나쁜 콜레스테롤로 알려진 저밀도지방질단백질low density lipoprotein, LDL 콜레스테롤에 비해 단백질 함량은 높고 콜레스테롤 함량은 낮다 그림 6-3. 콜레스테롤은 인지방질과 작용하여 막의 유동성을 유지하며 담즙산, 비타민 D, 스테로이드 호르몬 합성의 전구체로도 작용한다.

2) 지방산의 구조

TAG를 구성하고 있는 지방산은 카복실기carboxyl, -COOH를 가진 탄화수소로, 천연에 존재하는 지방산은 대부분 짝수 개의 탄소를 가지며 구조 내의 이중결합 유무에 따라 불포화지방산과 포화지방산으로 나뉜다. 천연의 불포화지방산은 대개 시스*cis*형이며, 이중결합을 한 개 가진 단일불포화지방산monounsaturated fatty acid, MUFA과 이중결합을 2개 이상 가진 다중불포화지방산polyunsaturated fatty acid, PUFA으로 나뉘며, PUFA는 이중-단일-단일-이중결합의 비켤레 이중결합 형태를 취한다 그림 6-4. 참고로, 켤레 이중결합은 단일-이중-단일-이중결합 등 단일결합과 이중결합이 교대로 위치한 경우를 의미한다. 한편, 카복실기로부터 가장 멀리 떨어진 이중결합의 위치에 따라 오메가 ω-3, 오메가-6, 오메가-9 지방산으로 분류하기도 하는데, 이들은 이중결합의 위치가 가장 끝에 있는 탄소에서 시작하여 세 번째, 여섯 번째, 아홉 번째 탄소가 이중결합을 가진 지방산이다.

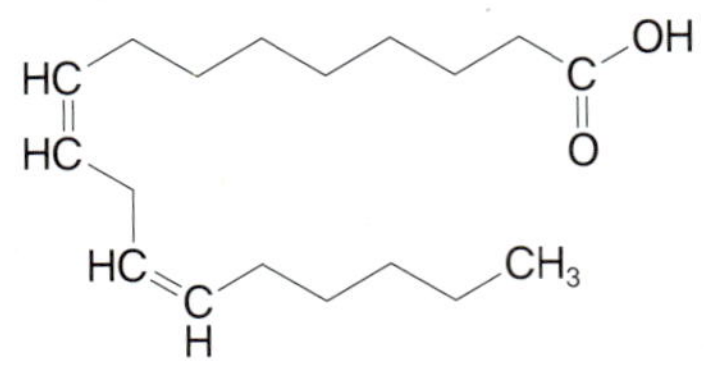

그림 6-4 ▶▶ 리놀레산의 비켤레 이중결합

올레산oleic acid은 오메가-9, 리놀레산은 오메가-6, 리놀렌산과 EPA(에이코사펜타엔산eicosapentaenoic acid), DHA(도코사헥사엔산docosahexaenoic acid)은 대표적인 오메가-3 지방산이다. 오메가-3 지방산은 심혈관 질환 예방에 효과가 있는 것으로 알려져 있다. 이외에도 간혹 하이드록시hydroxy기, 옥소oxo기, 에폭시epoxy기를 가진 지방산, 분지사슬지방산, 고리지방산도 발견된다.

3. 식용유지의 종류

식용유지는 식용되는 기름으로 참기름, 들기름, 콩기름, 옥수수기름, 해바라기씨기름, 올리브olive기름, 팜palm기름, 포도씨기름, 카놀라canola기름 등의 식물성 기름과 쇠기름, 돼지기름(라드lard), 생선기름 등의 동물성 기름이 있다. 식용유지는 유지 자원에 따라 지방산 조성에 차이가 있지만, 대부분 팔미트산palmitic acid, 스테아르산stearic acid, 올레산, 리놀레산, 리놀렌산 등으로 구성되어 있으며, 동물성 기름이 식물성 기름에 비해 일반적으로 불포화지방산 비율이 낮고 포화지방산 비율이 높아 녹는점이 높으므로 쇠기름이나 라드는 실온에서 고체로 존재한다 그림 6-5. 참치기름 등 생선기름에는 다른 식물성 기름에서 찾아보기 어려운 다중불포화지방산인 EPA, DHA의 함량이 높다.

콩기름, 옥수수기름 등 대부분의 식용유지는 콩, 옥수수 배아로부터 기름을 추출한 후 TAG 이외의 미량 성분, 즉 검gum물질, 유리지방산, 색소, 산패취 등의 향 화합물을 제거하는 정제과정을 거친다. 그러나 엑스트라 버진extra virgin 올리브기름과 우리나라에서 식용되는 대부분의 참기름, 들기름 등은 각각 올리브와 볶은 참깨, 들깨를 압착하여 기름을 추출한 후 정제과정을 거치지 않고 제조한다. 비정제 식용유지는 정제

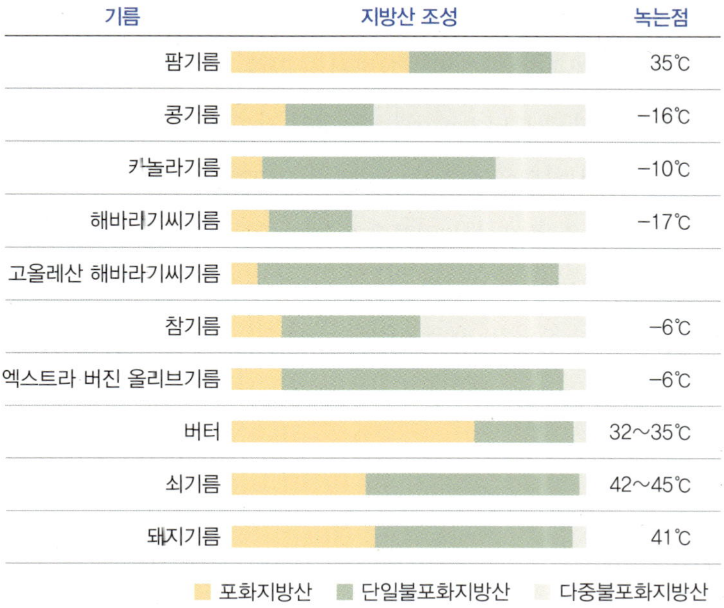

그림 6-5 ▸▸ 식용유지의 지방산 조성과 녹는점

과정을 거친 식용유지에 비해 일반적으로 발연점이 낮고 표 6-1 색상이 짙어 높은 온도에서 가열하는 조리법에는 사용이 제한될 수 있다. 발연점은 기름을 가열할 때 파란 연기가 나기 시작되는 온도로, TAG 중 글리세롤이 가열, 분해되어 생성되는 아크롤레인acrolein이라는 화합물과 관련 있으며, 이 화합물은 자극적인 냄새는 물론 눈을 따갑

표 6-1 ▸▸ 몇몇 식용유지의 발연점

기름		발연점 (℃)
정제기름	라드	182
	버터	177
	콩기름	257
	옥수수기름	232
	카놀라기름	232
	해바라기씨기름	227
	포도씨기름	216
비정제기름	참기름	177
	올리브기름(엑스트라 버진)	160

게 하므로 식용유는 발연점 이하에서 사용하여야 한다. 따라서 발연점이 낮은 참기름, 엑스트라 버진 올리브기름은 튀김유로 적합하지 않다.

이외에도 가공 유지인 쇼트닝shortening은 원래 라드lard와 동일한 뜻으로 사용되었으나, 20세기 초 식물성 기름에 수소를 첨가하여 불포화지방산 함량을 줄임으로써 실온에서 고체지방 함량을 증가시킨 경화유가 개발된 이후 식물성 경화유를 의미하였다. 식물성 쇼트닝은 라드와 유사하게 반고체 상태이며, 버터butter나 마가린margarine에 비해 발연점이 높고 수분 함량이 낮아 튀김유로 사용하였을 때 기름 방울이 튀는 현상이 적을 뿐만 아니라 쇼트닝성과 크림성creaminess이 뛰어나 빵과 패스트리pastry 등에 좋은 향미와 조직감을 제공한다. 그러나 경화유 제조과정 중 생성되는 트랜스trans 지방은 섭취하였을때 혈액 내 LDL 콜레스테롤 함량을 증가시키고 HDL 콜레스테롤 함량은 감소시켜 관상동맥심장병과 제2형 당뇨병의 위험을 증가시킨다. 이에 2015년 미국 식품의약품안전청Food and Drug Administration, FDA에서는 트랜스지방을 GRASgenerally recognized as safe 품목에서 제외시키고 모든 가공식품에서 트랜스

BOX 1

트랜스지방은 일반 식용유지에 들어 있는 지방과 다른가요?

천연 지방을 구성하고 있는 지방산은 대부분이 시스형이지만 기름의 수소 첨가과정에서 이중결합에 결합한 알킬기가 서로 반대쪽에 있는 지방산을 함유한 트랜스지방을 일부 생성한다. 쇼트닝, 마가린, 부분 수소 첨가한 식물성 기름에서 발견된다. 관상동맥성 심장 질환의 위험성 증가, 콜레스테롤과 LDL의 증가, HDL의 감소 등 건강에 좋지 않은 효과를 나타내는 것으로 알려져 있다.

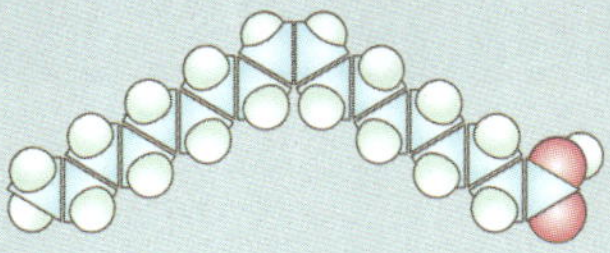

cis 지방산

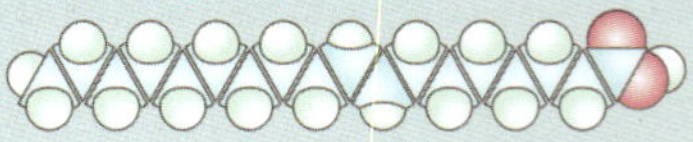

trans 지방산

GRAS는 무엇인가요?

GRAS는 '일반적으로 안전하다고 인정되는(Generally Recognized As Safe)'의 약자로서 미국 식품의약품안전청이 아세트산, 에탄올, 시스테인, 비타민 A·B·D, 수크로스, 콘시럽 등과 같이 식품에 첨가해도 일반적으로 안전하다고 인정하고 있는 식품첨가물로서 관리를 받지 않고 자유롭게 쓸 수 있는 물질이다.

지방을 제거하여야 한다는 것을 규정하였다. 트랜스지방의 위해에 대한 사회 우려와 관심은 우리나라를 비롯하여 많은 나라에서도 유사하며, 이에 식품산업계에서는 트랜스지방의 생성을 줄이는 경화공정을 꾸준하게 개발, 사용한 결과 쇼트닝 등 경화유지 사용이 많은 패스트리, 빵 등을 통한 트랜스지방의 섭취는 꾸준히 감소하고 있다.

4. 가공과 저장 중 식용유지의 산화

식용유지는 조리, 가공, 저장 중 산소와 반응하여 산화되는데, 반응 메커니즘에 따라 자동산화autoxidation와 광산화photo-oxidation가 있다. 식용유지가 산화되면 비정상 향미 화합물off-flavor compound 생성, 필수지방산의 손실 등 식품의 영양, 기능, 관능 특성은 물론 저장성을 떨어뜨리므로 식용유지 등 지방질 식품은 지방질 산화를 억제할 수 있는 조리, 가공, 저장방법을 선택하여야 한다.

1) 자동산화

식용유지의 자동산화는 공기 중의 산소에 의해 자발적으로 일어나며 낮은 반응속도가 유지되는 유도기간을 지나면 반응속도가 급격히 증가하는 경향을 보인다 그림 6-6.

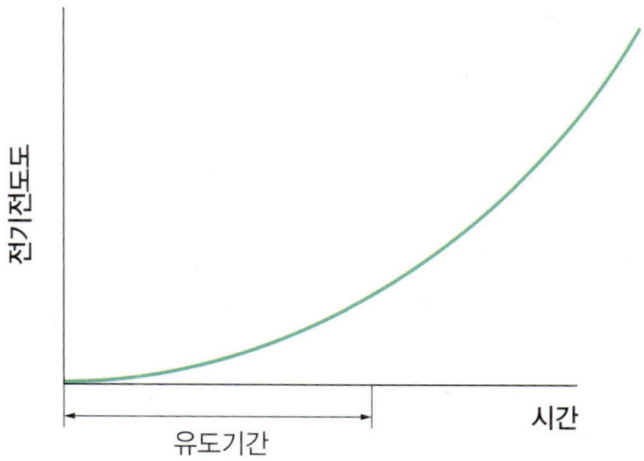

그림 6-6 ▸ 지방질 자동산화의 유도기간

자동산화에서는 식용유지(RH)가 공기 중의 산소와 반응하여 과산화물(ROOH)을 생성하고, 과산화물은 분해되어 반응성이 높은 다양한 종류의 라디칼radical을 연속적으로 생성하여 지방질 산화를 가속 시키는 자유라디칼 연쇄반응으로 진행된다. 과산화물의 분해는 알데하이드aldehyde, 짧은사슬 탄화수소, 카복실산carboxylic acid, 알코올, 케톤ketone 등의 화합물을 만들며, 특히 매우 적은 양으로도 냄새가 감지되는 헥산알hexanal 등의 알데하이드 화합물은 지방질 산화의 대표적인 비정상 향미 화합물이다.

$$RH \longrightarrow R\cdot + H$$

$$R\cdot + O_2 \longrightarrow ROO\cdot$$

$$ROO\cdot + RH \longrightarrow ROOH + R\cdot$$

$$ROOH \longrightarrow RO\cdot + \cdot OH$$ 등 (R: 알킬기)

라디칼은 일반적으로 우리가 알고 있는 물(H_2O)과 같은 분자들과는 다른가요?

대부분의 분자들을 구성하고 있는 전자들은 짝을 이루어 비교적 안정한 상태를 유지하고 있으나, 분자 내 결합이 끊어질 때 원자와 원자가 공유하던 전자를 하나씩 나누어 가지면서 각각 짝을 이루지 않는 전자를 가지고 있는 화학종이 생성되는데 이들을 라디칼이라고 한다. 라디칼은 반응성이 매우 높다.

식용유지의 자동산화 속도는 지방산 조성에 따라 차이가 있으며, 일반적으로 유지 분자 내의 이중결합수가 많을수록 산화속도는 증가한다. 불포화지방산, 특히 PUFA 함량이 높은 들기름은 PUFA 함량이 낮은 팜기름에 비해 자동산화 속도가 높다. 또한 유지 분자의 시스형 이중결합의 일부 또는 전부는 트랜스형으로, 두 개 이상의 이중결합을 가지고 있는 유지의 비켤레 이중결합은 좀 더 안정한 켤레 이중결합으로 전환된다.

켤레 이중결합은 어떤 구조를 가지고 있나요?

탄소를 가지고 있는 유기화합물에서 두 개의 이중결합 사이에 단일결합 한 개를 두고 서로 이어지는 결합이다. $CH_3\text{-}CH\text{=}CH\text{-}CH\text{=}CH\text{-}CH_2\text{-}CH_3$

2) 광산화

식용유지 원료인 콩, 올리브 등에 함유되어 있던 지용성 색소인 엽록소(클로로필 chlorophyll)는 기름으로 함께 추출되는데, 이 색소는 기름이 빛에 노출되면 빛 에너지를 흡수하여 공기 중의 산소를 활성이 큰 다른 형태의 산소인 일중항산소로 전환된다. 일중항산소는 반응성이 높은 활성산소종reactive oxygen species, ROS의 하나로 자동산화를 일으키는 산소에 비해 매우 빠른 속도로 유지를 산화시켜 과산화물을 만들

> **활성산소종은 무엇이며 우리 몸과 식품에서 어떠한 역할을 합니까?**
>
> 활성산소종은 산소를 가지고 있는 화학종으로 우리가 호흡에 사용하고 있는 산소에 비해 체내 또는 식품 성분을 산화시키는 속도와 정도가 매우 높다. 활성산소종은 체내의 정상적인 산소대사 과정에서도 생성되며 세포 신호와 항상성에 기여하기도 하지만 자외선, 흡연, 과식, 지나친 운동 등 내·외부의 스트레스에 의해서 지나치게 많이 생성되면 세포에 심각한 해를 끼칠 수 있다.

며, 과산화물은 분해되어 알데하이드, 짧은사슬 탄화수소, 카복실산, 알코올, 케톤 등 비정상 향미 화합물을 생성한다. 일반 콩기름 등 정제기름은 엽록소를 거의 함유하고 있지 않으나, 엑스트라 버진 올리브기름과 같은 비정제기름은 이들 감광제를 함유하고 있으므로 비정제기름의 저장, 가공 중에는 반드시 빛을 차단할 수 있는 용기와 조건이 필수적이다.

3) 튀김과정 중 튀김유지의 반응

식품을 150~190℃의 뜨거운 기름에 넣어 익히는 튀김frying은 역사상 가장 오래된 조리법의 하나로, 식품에 좋은 향미는 물론 색과 바삭한 조직감을 제공하여 소비자들의 선호도가 높다. 튀김유지는 식품에 열을 전달하는 역할을 하는 동시에 가수분해, 산화·중합 반응 등 화학 변화가 발생하여 튀김식품의 향미와 조직감, 튀김유지의 품질에 큰 영향을 끼친다.

(1) 가수분해 반응

150℃ 이상의 높은 온도의 기름에 식품을 튀길 때 식품 중의 수분은 높은 온도의 기름에서 스팀steam으로 전환되고 이에 의해 기름은 가수분해된다. 기름의 가수분해는 TAG의 에스터 결합이 끊어져 지방산을 유리시킨다 그림 6-7. 따라서 튀김이 진행되면서 튀김유지 내에 유리지방산 함량이 증가하지만, DAG, MAG 함량은 튀김과정의 초기에 증가하다가 더 이상 증가하지 않고 그 값이 유지된다. 이들은 기름의 산화를 더욱 촉진시키므로 튀김 중 기름의 가수분해를 줄이는 방법을 모색해야 한다. 튀김 중 신선한 기름을 자주 넣어 줄수록, 또한 기름과 튀김식품 재료와의 접촉 면적이 작을수록

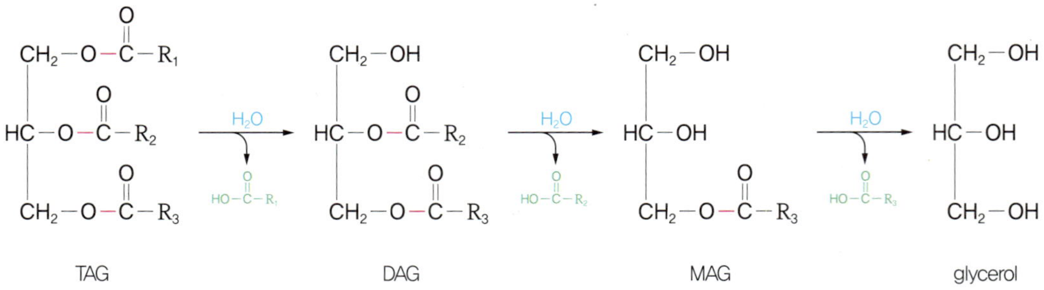

그림 6-7 ▸▸ 튀김 중 지방질의 가수분해

가수분해는 적다. 오랫동안 가열된 기름에는 유리지방산 함량이 증가되어 발연점이 저하된다.

(2) 산화 반응

튀김이 진행되는 동안 튀김기름은 산소와 반응하여 기본적으로 자동산화와 동일한 메커니즘에 의해 계속적으로 산화된다. 특히 튀김은 150℃ 이상의 높은 온도에서 진행되고, 식품 재료로부터 유출되는 철 또는 구리 등의 금속이온에 의한 산화 촉진작용으로 실온에서의 자동산화와 비교하여 산화속도가 매우 높다. 더 나아가 과산화물의 분해도 높은 온도에서 가속되므로 라디칼이 더 많이 더 빠르게 생성되고 연속적인 산화반응에 의해 알데하이드, 산, 짧은사슬 탄화수소 등 휘발성 화합물도 훨씬 많이 생성된다. 휘발성 화합물은 튀김과정 동안 스팀에 의해 기름으로부터 휘발되어 튀김기름에서의 농도는 그다지 높지 않다. 또한 좋은 튀김향을 나타내는 화합물 중 하나인 2,4-데카다이엔알2,4-decadienal은 콩기름과 같이 리놀레산 함량이 높은 기름에서 감지되어 튀김식품의 향에 기여하지만, 일정 농도를 넘어서면 비정상 향미 화합물로 인지된다. 따라서 튀김유지의 산화 안정성과 향미를 증진시키기 위해서는 리놀레산과 올레산의 비율을 적절히 조절하여 2,4-데카다이엔알의 농도를 적절하게 유지할 필요가 있다.

(3) 중합 반응

튀김을 하는 동안 기름이 산화되어 휘발성 화합물을 생성하지만 앞서 언급한 대로 기름에서 이들이 차지하는 비중은 높지 않으며, 많은 비중을 차지하는 생성물은 비휘발성 중합체이다. 중합체는 기름의 가열 산화 중 생성된 라디칼들이 서로 결합하여 생성된다. 튀김 중 튀김유지에 생성된 중합체는 기름의 점도를 증가시켜 열전도를 늦추고, 튀김식품의 맛, 조직감, 외양에도 영향을 미친다. 그리고 기름의 색도 짙어지며 거품 생성이 증가하고 튀김식품에 흡수되는 기름의 양 또한 증가한다. 따라서 튀김 중에는 중합체 생성을 줄이는 방법을 모색해야 한다.

(4) 튀김 중 식품 내 영양 성분의 변화

튀김은 튀김기름뿐 아니라 튀김 원료에 함유된 영양 성분도 변화시킨다. 튀김 중 기름의 산화로 인하여 필수지방산인 리놀레산과 리놀렌산의 감소를 초래하며, 기름에 생성된 카보닐carbonyl 화합물은 튀김 원료에 함유된 단백질과 반응하여 갈색화 반응을 일으킨다. 또한 카보닐 화합물 또는 가열 중 생성된 아크롤레인이 단백질, 펩타이드, 아미노산, 특히 아스파라긴asparagine과 반응하면 아크릴아마이드acrylamide를 생성할 수 있다. 그러나 탄수화물도 카보닐 화합물을 제공하기 때문에, 식품에서의 아크릴아마이드는 기름보다는 감자, 시리얼 등 탄수화물 함량이 높은 식품을 높은 온도에서 가열할 때 많이 생성되는 것으로 알려졌다. 아크릴아마이드의 생성은 식품 내 단백질의 손실을 야기할 뿐 아니라 특정량 이상으로 섭취하였을 때 동물과 사람에서 신경계 독성과 발암성이 보고되었으므로 식품의 가공, 저장 중 아크릴아마이드의 생성을 줄이는 방법들이 계속적으로 보고, 시도되고 있다. 100℃ 이하에서는 아크릴아마이드 생성이 매우 미미한 것으로 알려져 있다. 이외에도 튀김기름과 튀김 원료에 존재하는 토코페롤tocopherol, 베타카로텐β-carotene, 아스코브산ascorbic acid 등 비타민도 높은 온도에서 분해된다.

4) 식용유지의 산화에 영향을 미치는 요인

식용유지는 지방산 조성은 물론 금속, 색소, 산화방지제 등 미량 성분, 온도, 빛, 산소 등이 개별 또는 상호 작용하여 산화가 촉진되거나 억제된다.

(1) 식용유지의 지방산 조성

식용유지는 일반적으로 불포화지방산, 특히 PUFA 함량이 높을수록 산화 정도와 속도가 증가한다. 즉, 지방산 조성만 고려했을 때 불포화도가 낮은 코코넛coconut기름 또는 팜기름은 불포화도가 매우 높은 들기름에 비해 산화속도가 매우 낮다. 따라서 식품산업계에서는 천연 유지에 수소를 첨가하여 불포화도를 낮춘 경화유로 가공하거나 리놀레산 대신 올레산 함량을 증가시키도록 종자 개량한 콩, 해바라기씨 등에서 고올레산 기름을 얻어 산화 안정성을 개선한 식용유지로 사용하기도 한다.

(2) 식용유지의 미량 성분

일반적으로 정제된 식용유지에는 미량 성분 함량이 매우 낮으나 참기름, 들기름, 엑스트라 버진 올리브기름 등 정제하지 않은 식용유지에는 유리지방산, MAG, DAG, 금속이온, 인지방질, 색소, 페놀화합물 등이 검출된다. 예를 들면, 콩기름에는 철(0.2 ppm), 구리(2.5 ppb), 인지방질(0.98 ppm), 엽록소(<0.08 ppm), 토코페롤(1,000 ppm)이 함유되어 있으며, 올리브기름에는 철(0.73 ppm), 구리(9.8 ppb) 이외에 콩기름에 비해서 엽록소(10 ppm)와 폴리페놀(110 ppm)은 더 많이, 토코페롤(3~5 ppm)은 적게 함유되어 있다. 이들 미량 성분 중 유리지방산, MAG, DAG, 금속, 특히 철과 구리 이온은 식용유지의 산화를 촉진한다. 특히 금속이온은 기름에 매우 소량 함유되어 있기는 하지만 튀김 식품으로부터 용출되기도 하므로 철을 많이 함유한 소고기 등 적색 고기는 가능한 고기가 직접 기름에 접촉하지 않도록 튀김 반죽 등으로 코팅한 후 튀기는 것이 좋다. 인지방질은 지방질 산화 메커니즘에 따라 차이를 보이는데 금속이온이 함께 존재하는 경우 식용유지의 산화를 억제한다.

과거에 비해 고올레산 기름이 튀김 스낵에 많이 사용되는 이유는 무엇인가요?

과거에는 높은 온도에서 시행되는 튀김에 쇼트닝 등 경화유를 사용했으나 경화유로 가공하는 과정 중 생성되는 트랜스지방이 위해 성분으로 분류되고 포화지방에 대한 사회 관심이 커지면서 식품산업계에서는 식물성 기름을 경화시키는 대신 PUFA인 리놀레산 함량을 줄이고 MUFA인 올레산 함량이 높은 유지 종자 개발에 큰 관심을 가지게 되었다. 그러나 바람직한 튀김 향미를 제공하기 위해서는 튀김기름에 적절한 수준의 리놀레산과 리놀렌산이 요구되므로 무조건 PUFA 함량을 줄일 수는 없으며, 현재 개발, 사용되고 있는 고올레산 카놀라기름과 해바라기씨기름은 80% 이상의 올레산을 함유하고 있다.

식용유지에서 천연으로 발견되는 색소로는 엽록소와 카로테노이드carotenoid가 대표적이며, 엽록소는 빛이 함께 존재할 경우 식용유지의 산화를 가속화시키지만, 카로테노이드는 산화를 억제한다. 빛을 차단한 경우에는 엽록소와 카로테노이드 모두 산화방지제로 작용한다. 이와 함께 식용유지에 천연으로 함유되어 있는 토코페롤tocopherol, 세사몰린sesamolin, 폴리페놀polyphenol 등 페놀화합물은 일반적으로 기름의 산화를 억제시키는 산화방지제로 널리 알려져 있으나 지나치게 높은 농도로 존재하는 경우 오히려 산화를 촉진할 수도 있다. 토코페롤은 동물성 기름보다는 식물성 기름에 많이 함유되어 있는데, 콩기름 1 kg에는 약 1 g의 토코페롤이 함유되어 있다. 엑스트라 버진 올리브기름에는 폴리페놀이, 참기름에는 세사몰, 세사민, 세사몰린 등 리그난 화합물이 함유되어 있다.

(3) 온도, 빛, 산소 등 환경 요인

식용유지의 산화는 식용유지가 노출된 환경의 온도는 물론 빛 또는 산소 농도에 의해 영향을 받는다. 온도가 증가함에 따라, 짧은 파장의 빛이 긴 파장 빛에 비해, 산소 농도가 높을수록 식용유지의 산화는 가속화된다. 따라서 식용유지는 공기와의 접촉 면적을 줄이고 빛이 차단되는 용기에 넣어 낮은 온도에서 저장해야 한다.

5. 에멀션 식품

에멀션emulsion은 우유, 마요네즈mayonnaise, 샐러드드레싱salad dressing, 버터 등과 같이 서로 섞이지 않는 두 종류 이상 액체의 혼합물로, 작은 구형의 액체 방울(분산상)이 다른 액체(연속상) 중에 분산된 시스템으로 정의된다. 에멀션은 연속상과 분산상에 따라 크게 물 속 기름oil-in-water emulsion, O/W 에멀션과 기름 속 물water-in-oil, W/O 에멀션의 두 가지 형태로 나뉜다. O/W 에멀션은 기름(분산상)이 물(연속상)에 분산되어 있는 형태이며, 우유와 샐러드드레싱은 대표적인 O/W 에멀션 식품이다. 체내에서의 콜레스테롤 운반체인 지방질단백질 역시 O/W 에멀션이다. 반면에 W/O 에멀션은 물(분산상)이 기름(연속상)에 분산되어 있는 형태이며, 마요네즈와 버터, 마가린이 이에 속한다.

에멀션은 정상적으로는 서로 섞이지 않는 액체들이 혼합되어 있으므로 불안정하다. 시간이 경과하면서 분산된 방울들끼리 끌어당겨 합쳐지거나 병합되어 큰 방울을 만들고, 물보다 가벼운 기름 입자들이 응집되면 위로 떠오르는 크림 현상 등 기름과 물 층이 분리된다. 따라서 샐러드드레싱 등 에멀션 식품에는 층 분리를 막기 위해 유화제를 첨가하는 것이 일반적이다 그림 6-8. 식품산업에서 널리 사용하고 있는 유화제로는 MAG와 이의 유기산 에스터, 폴리글리세롤에스터, 스테아릴 젖산에스터, 소비탄 지방산에스터, 달걀노른자와 콩에서 추출한 레시틴을 들 수 있다.

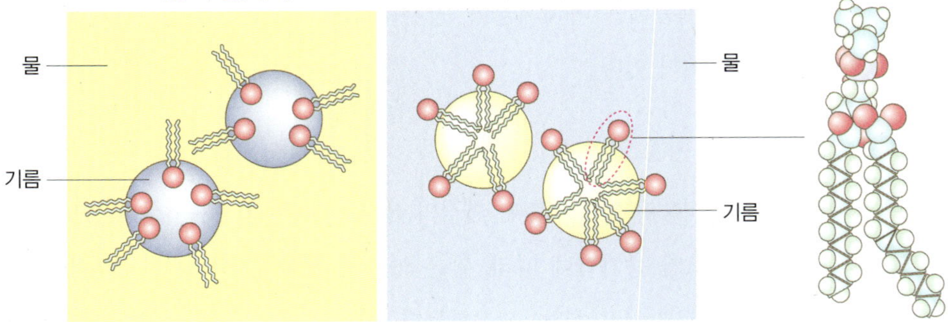

그림 6-8 ▸▸ 유화제에 의한 에멀션 안정화

6. 기능 지방질

기능 지방질functional lipid은 명확하게 정의되고 있지는 않지만, 기본 영양소로서의 기능 이외에 만성 질환 감소 효과 또는 생리 활성을 나타내는 지방질이라 할 수 있다. 지방질 관련 산업 중 튀김, 쇼트닝 제조 등 직접적으로 식품의 조리, 가공에 이용되고 있는 식용유지 산업이 가장 비중이 높은 주된 시장이지만 높은 생리 활성을 가진 특정 성분을 다량 함유한 기능 지방질 또한 지방질 관련 산업에서 점차 확장되고 관심이 증가되는 대상이다. 오메가-3 지방산, 감마리놀렌산γ-linolenic acid, GLA, 켤레 리놀레산 conjugated linoleic acid, CLA, 식물스테롤phytosterol은 대표적인 기능 지방질이다.

> **중성지방질은 무엇인가요?**
>
> 중성지방질은 전기적으로 중성인 지방질로 글리세롤에 세 개의 지방산이 결합된 TAG는 물론 콜레스테롤도 포함한다.
>
> **혈전은 어떻게 만들어지나요?**
>
> 혈전은 혈관 속에 피가 굳어서 된 조그만 핏덩이로, 혈관벽이 손상되면 피 응고 메커니즘이 시작되고 혈구가 응집한다. 주로 혈소판과 세포 성분을 둘러싼 섬유소로 되어 있는 혈액 성분이 엉겨 모인 것이다. 뇌혈전이 대표적인 질환이다.

1) 오메가-3 지방산

오메가-3 지방산은 혈전 저해, 혈액 내 중성지방질 조절 등 관상동맥 질환의 발생을 억제할 수 있다는 것이 입증되었으나, 대부분 서양 식사를 중심으로 연구된 내용으로서 우리나라에 연관성을 그대로 적용하기는 어렵다. 오메가-3 지방산 중 EPA, DHA 등은 참치, 연어 등 생선에 많이 함유되어 있으며, 알파리놀렌산은 들깨와 들기름, 아마씨기름에 많이 함유되어 있으며 암과 알레르기를 예방하는 효과가 보고되었다.

2) 감마리놀렌산

감마리놀렌산은 프로스타글란딘을 합성하는 전구물질로 달맞이꽃, 보리지borage, 블랙커런트black currant 종자 기름에 다량(10~20%) 함유되어 있다. 감마리놀렌산은 소염 활성, 콜레스테롤 개선작용, 비만과 노화 예방, 피부 건강 개선 등 생리 활성이 보고되었다.

3) 켤레 리놀레산

천연 자원에서 발견되는 리놀레산은 대부분 비켤레 이중결합 구조를 취하고 있으나 우유와 우유 가공식품, 소고기 등에서 켤레 리놀레산이 검출되었다. 켤레 리놀레산은 산화 방지, 발암 억제, 체지방 감소, 면역체계 조절에 효과가 있는 것으로 보고되었다.

4) 식물스테롤

식물스테롤(피토스테롤phytosterol)은 콜레스테롤과 유사한 구조와 기능을 가진, 식물세포에 존재하는 스테로이드 알코올 화합물이다. 식물스테롤은 콩기름, 올리브기름, 해바라기씨기름 등 식물성 기름과 그 가공품에서 많이 발견되며, 특히 견과류에 많다. 곡물, 베리berry 등에는 식물스테롤의 함량은 낮지만 하루 식품 섭취량을 고려할 때 견과류 또는 기름에 비해 이들 식품이 식물스테롤의 좋은 급원으로 생각된다. 식물스테롤 중 베타시토스테롤β-sitosterol, 캄페스테롤campesterol, 스티그마스테롤stigmasterol이 식품으로부터 섭취하는 주요 식물스테롤이다. 식물스테롤은 혈액 내 콜레스테롤, 특히 LDL 콜레스테롤의 농도를 낮추고 대장암 발생 억제 효과가 있는 것으로 보고되었다. 식물스테롤의 장내 흡수율은 콜레스테롤에 비해 현저히 낮은 단점이 있다.

7. 지방 대용물

지방질은 식품에 좋은 조직감을 제공하고 유용한 지용성 물질을 운반하는 등 좋은 기능을 제공하지만, 지나치게 섭취하면 심장병, 암, 비만, 방광염 등의 질병을 유발하고

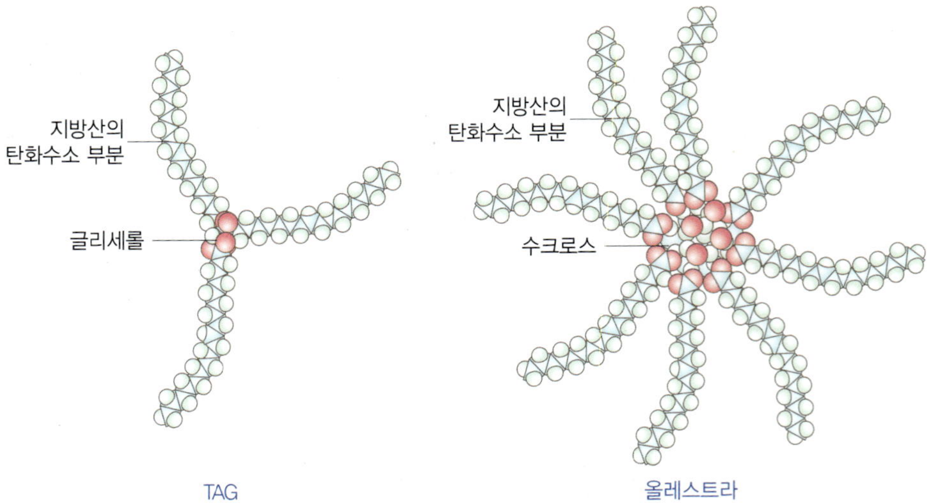

그림 6-9 ▸▸ 올레스트라 구조

몇몇 포화지방산, 트랜스지방의 섭취는 심혈관 질환을 증가시킨다. 그러나 지방질을 우리의 식탁으로부터 제외하는 것은 쉽지 않아 지방질과 유사한 물리적 성상을 가지면서 칼로리를 줄인 지방 대용물fat substitute에 대한 사회적 요구가 계속 증가하고 있다. 지방 대용물은 TAG인 보통 지방과 비슷한 성질을 가졌으나, 인체에서 소화되지 않아 에너지가 적은 물질로 지방 모조품 또는 지방 대체제라고도 한다.

몇몇 나라에서 개발하여 사용되고 있는 지방 대용물 중 대표적인 것은 올레스트라olestra인데 이것은 수크로스에 6~8개의 지방산이 에스터 결합을 이루고 있는 화합물이다 **그림 6-9**. 올레스트라는 이자(췌장)에 존재하는 지방질가수분해효소인 라이페이스lipase에 의해 가수분해되지 않기 때문에 소장에서 흡수되지 않으며, 혈액 내 콜레스테롤의 흡수를 저해하고 LDL 콜레스테롤 농도를 낮추지만 HDL 콜레스테롤 농도에는 영향을 주지 않는 것으로 알려졌다. 또한 암을 유발하는 독성도 없는 것으로 보고되었다.

7 당류와 나트륨

1. 당류
2. 나트륨

식품의 영양표시를 보면 탄수화물과 단백질 사이에 '당류'라고 되어 있다. 탄수화물과 '당류'는 무엇이 다른지 알아보고, 나트륨에 대해서도 정확히 알아본다.

1. 당류

1) 당류의 정의

당류sugars란 탄수화물 중에서 단맛을 가진 단당류와 이당류를 일컫는 말로 단순당simple sugar이라고도 한다. 총당류total sugars는 식품에 존재하는 천연당natural sugar과 가공, 조리 시에 첨가한 첨가당added sugar을 합친 것이라는 의미를 좀 더 분명히 하기 위해 쓰는 용어이다. 영양표시에 적혀 있는 당류란 총당류를 의미하므로 천연당과 첨가당이 각각 얼마나 들어 있는지를 구분할 수는 없다. 천연식품 중에는 과일과 우유에 당류가 많이 들어 있으며, 음료, 가공식품에는 첨가당이 많이 들어 있다.

2) 당류의 기능

당류는 달콤한 맛으로 인해 음식을 맛있게 느끼게 한다. 그러나 그 외에도 잼을 만들 때에 첨가하는 것은 당도를 높여 미생물의 성장을 억제한다. 초절임, 과일식초 등 산도가 높은 음식에 넣으면 산과 균형을 맞추어 맛을 좋게 하기도 하고, 빵을 만들 때에는 수분 조절을 하여 더 오랫동안 신선함을 유지시킨다.

당류는 식품의 조직에도 영향을 주어 빵이나 과자의 조직을 좀 더 부드럽게 해준다. 또한 이스트의 먹이가 되어 빵이 잘 부풀게 도와주기도 한다.

3) 당류와 건강문제

천연당이나 첨가당이나 체내에 들어오면 똑같이 대사된다. 그러나 천연당인 유당이 들어 있는 우유에는 칼슘, 비타민, 리보플라빈 등도 풍부하게 들어 있고, 글루코스와 프럭토스가 많이 들어 있는 과일은 상대적으로 열량이 낮고, 비타민, 무기질, 식이섬유 등 다른 영양 성분이 풍부하여 적절한 양을 섭취하는 것은 우리 건강에 해롭지 않다.

그러나 과자나 케이크 등 첨가당이 많이 들어 있는 식품에는 일반적으로 지방도 많이 들어 있어서 열량이 높다. 또한 탄산음료, 사탕 등은 열량만 있고 다른 영양소들은 적어 빈열량식품empty calorie foods이라고 부르며, 가능한 적은 양을 섭취하는 것이 좋다.

(1) 충치

당류는 적은 양이라도 자주 먹을수록, 입 안에 오래 머물수록 충치의 위험이 커진다. 구강 내 세균은 당류를 잘게 잘라서 산성 물질을 만들고, 산성은 치아의 에나멜 표면을 녹여 구멍이 나도록 한다. 캐러멜과 같은 끈적끈적한 식품은 치아에 붙어서 세균이 계속 작용할 수 있도록 함으로써 음료보다 더 큰 문제를 일으킨다. 따라서 사탕을 계속 빨아 먹거나 음료를 조금씩 계속 마시는 것은 좋지 않다. 탄산음료나 스포츠음료, 오렌지 주스 등은 음료 자체가 산성이므로 치아의 에나멜 침식을 더욱 촉진한다.

치즈는 세균에 의해 생성된 산을 중화시키고, 침 분비를 촉진하여 산으로부터 보호하는 역할을 한다. 또한 땅콩, 채소, 육류, 생선류 등은 충치를 유발하지 않는다.

(2) 비만

첨가당의 섭취가 증가하면 비만의 위험이 높다. 당류가 첨가된 음료를 많이 섭취하는 어린이와 청소년은 적게 섭취하는 어린이들에 비해 체중이 많이 나간다. 당류가 첨가된 음료는 높은 칼로리를 제공하지만, 필수 영양소는 적게 제공한다. 또한 고형의 음식물보다 포만감이 적어 음료를 먹었다고 해서 다른 음식을 적게 먹지는 않는다. 평소와 똑같은 양을 섭취하면서 250 mL의 당 첨가 음료를 1년 동안 매일 섭취하면 매일 100 kcal를 더 섭취하게 되므로 1년 후에는 약 4 kg의 살이 찔 수 있다. 또한 비만은 고혈압, 고지혈증, 심장 질환, 뇌졸중, 당뇨병 등의 위험요인이 된다.

(3) 당뇨병

당뇨병은 체내에서 탄수화물의 대사가 정상적으로 일어나지 않는 질환이다. 당 첨가 음료를 섭취하면 혈당이 매우 빨리 상승한다. 당 첨가 음료를 많이 섭취한 집단이 낮은 집단에 비해 당뇨병 발생의 위험도가 증가하였다는 연구결과가 있다.

(4) 대사증후군

당 첨가 음료의 섭취가 높은 집단은 적은 집단에 비해 대사증후군 발생의 위험도가 유의적으로 증가하는 것으로 보고되었다.

(5) 심장 질환

당류를 많이 섭취하면 혈중 중성지방질이 높아지는데, 이는 심장 질환의 위험 요인이다.

4) 첨가당의 종류

(1) 천연감미료와 인공감미료

식품의 제조과정이나 조리 시에 첨가되는 당류는 설탕, 글루코스(덱스트로스), 프럭토스, 맥아당, 올리고당 등의 천연감미료와 사카린, 아스파탐 등의 인공감미료로 나눌 수 있다 표 7-1.

표 7-1 ▸ 첨가당의 종류

분류		
천연감미료	당질감미료	수크로스, 글루코스(덱스트로스), 프럭토스, 물엿, 이성화당, 맥아당, 꿀, 유당, 자일로스, 올리고당, 솔비톨, 자일리톨
	비당질감미료	스테비오사이드
인공감미료		사카린, 아스파탐, 알리탐, 아세설팜

(2) 대체감미료

1950년 칼로리가 없는 탄산음료가 판매되기 시작하면서 대체감미료가 널리 사용되게 되었다. 대체감미료alternative sweeteners는 설탕과는 달리 열량이 전혀 없거나 거

고농도의 과당시럽(고과당 옥수수시럽, high-fructose corn syrup)

글루코스를 단맛이 강한 프럭토스로 전환시키는 효소의 작용으로 같은 중량당 더 달게 만든 시럽이다. 고과당 옥수수시럽은 1980년대부터 음료에 사용되기 시작하여 음료, 과자류, 젤리 등에 사용된다.

의 없이 단맛을 주며, 충치를 일으키지 않고 인슐린 분비를 촉진하지 않는 감미료를 말하며, 합성된 인공감미료뿐 아니라 이러한 특성을 갖는 천연감미료도 포함된다. 대체감미료는 첨가물이므로 식품의약품안전처에서 안전성에 대해 승인을 받아야 한다.

① 사카린

1879년 발견되었고, 2차 세계대전 때 설탕이 부족해지면서 사용이 급격히 증가되었다. 설탕보다 200~700배가량 달고, 체내에서 대사되지 않고 소변으로 배설된다. 사람에 따라서 뒷맛이 쓰게 느껴지기 때문에 아스파탐과 같은 다른 감미료와 함께 사용하기도 한다.

② 아스파탐

아스파트산과 페닐알라닌이라는 두 개의 아미노산이 결합된 형태로 설탕보다 약 200배 더 달다. 체내에서는 분해되어 아미노산과 같이 대사되므로 1 g당 4 kcal의 에너지를 내지만, 매우 소량 사용하므로 저칼로리 감미료로 사용된다. 오래 가열하면 단맛을 잃어버리므로 찬 음료 제조에 사용하거나 조리가 끝난 후에 넣어야 한다. 페닐알라닌 대사 이상인 사람들은 섭취를 제한해야 한다.

③ 아세설팜칼륨

아스파탐과 단맛은 거의 비슷하며, 더 안정하므로 요리에 많이 사용된다. 체내에서 대사되지 않고 그대로 배설되며, 뒷맛이 없다.

④ 수크랄로스

설탕으로부터 만든 대체감미료로 설탕보다 약 600배 더 달다. 체내에서 대사되지 않아 칼로리는 없다. 가열해도 안정하여 다양하게 사용된다.

⑤ 스테비아

인공감미료가 아니라 천연의 대체감미료이다. 남아메리카에서 발견된 스테비아잎으로부터 추출하여 정제한 물질이다.

⑥ 슈가알코올(소르비톨, 만니톨, 자일리톨 등)

식물에 자연적으로 존재하는 탄수화물의 종류로 미국 FDA에서는 8종의 슈가알코올이 식품에 사용하도록 승인되었다. 1 g당 평균 2 kcal 정도로 설탕에 비해 칼로리가 적다. 충치를 발생시키지 않고, 설탕보다 천천히 흡수되며 대사되는데 인슐린이 필요없기 때문에 혈당이나 인슐린을 설탕보다 적게 증가시킨다. 다량 섭취 시 흡수되지 않은 것은 대장에서 세균에 의해 분해되어 가스나 불편함, 설사를 일으키기도 한다.

표 7-2 ▸ 대체감미료의 종류와 특성

종류	상품명	첨가된 식품	칼로리(kcal/g)	설탕 대비 단맛
사카린	Sweet'N Low 뉴슈가	다이어트 탄산음료	0	200~700배
아스파탐	그린스위트 NutraSweet Equal Classic	다이어트 탄산음료, 다이어트 과일음료, 무설탕 검	0	160~220배
아세설팜칼륨	Sweet One	다이어트 탄산음료 무설탕 검, 푸딩, 젤라틴 디저트	0	200배
수크랄로스	Splenda		0	600배
스테비아	Truvia Pure Via		0	200~300배
슈가알코올		검, 아이스크림, 초콜릿 등	2	0.5~0.9배

5) 적절한 섭취량 및 섭취실태

2020 한국인 영양소 섭취기준에서는 총 당류 섭취량을 총 에너지 섭취량의 10~20%로 제한하고, 특히 식품의 조리 및 가공 시 첨가되는 첨가당은 총 에너지 섭취량의 10% 이내로 섭취하도록 권고한다. 첨가당의 주요 급원으로는 설탕, 액상과당, 물엿, 당밀, 꿀, 시럽, 농축과일주스 등이 있다.

2018년 국민건강영양조사 자료로부터 당류 섭취량을 산출한 결과에 따르면, 우리 국민의 1일 평균 당류 섭취량은 58.9 g이었으며, 남자 63.4 g, 여자 54.4 g으로 남자의 섭취량이 더 높았다. 연령별로는 10~18세 70.2 g, 19~29세 64.4 g으로 청소년과 20대 성인이 가장 많이 섭취하였다. 당류의 주요 급원식품은 남자는 음료류, 여자는 과일류였다.

6) 당류 섭취를 줄이는 방법

(1) 간식 선택 시

간식으로 섭취하는 가공식품, 즉 과자류, 음료류, 아이스크림, 빵류, 초콜릿류 등에는 당이 많이 첨가되어 있다. 따라서 과일이나 고구마, 옥수수 등의 자연식품을 섭취하는 것이 좋다. 가공식품 중에서 간식을 선택할 때에는 영양표시에 있는 열량과 당류의 함량을 확인하여 함량이 낮은 것을 선택하는 습관을 갖는다. 식품의약품안전처에서는 고열량·저영양식품의 기준을 정하여 확인할 수 있도록 하고 있다(Box 1). 또한 다음과 같이 당이 적은 식품으로 대체하여 섭취하는 것이 바람직하다.

- 탄산음료, 과채음료 등 당을 첨가한 음료수 대신 물을 섭취한다.
- 과일맛 우유 등의 당을 첨가한 우유보다는 흰우유를 선택한다.
- 통조림 과일이나 과일주스보다는 생과일을 섭취한다.

고열량·저영양식품이란? BOX 1

식품의약품안전처장이 정한 기준보다 열량이 높고 영양가가 낮은 식품으로서 비만이나 영양불균형을 초래할 우려가 있는 기호식품을 말한다.
간식용 기호식품, 예를 들면 과자류, 빵류, 초콜릿류, 음료 등의 고열량·저영양식품 판별 기준은 다음과 같다.

- 1회 제공량당 열량 250 kcal, 당류 17 g, 포화지방산 4 g 중 어느 하나라도 그 양을 초과하고 단백질 2 g 미만인 경우
- 1회 제공량당 열량 500 kcal, 당류 34 g, 포화지방산 8 g 중 어느 하나라도 그 양을 초과한 경우

따라서 간식을 선택할 때에는 식품의약품안전처 웹사이트나 스마트폰 앱으로 제공하는 '고열량·저영양식품 판별 프로그램'을 활용하여 확인하거나 영양표시를 보고 확인할 수 있다.

- 웹사이트 http://www.mfds.go.kr/jsp/page/decintro.jsp
- 스마트폰 앱 'New 고열량·저영양식품 판별 프로그램'

(2) 조리 시 또는 음식 섭취 시

- 조리 시에는 당의 함량을 줄인다.
- 올리고당 사용 시 조리의 마지막에 첨가한다.
- 설탕 대신 단맛을 가진 양파, 파프리카, 단호박, 고구마, 대추, 사과, 배 등의 식재료를 사용한다.

- 음식을 먹을 때 설탕을 찍어 먹지 않는다.
- 커피나 차를 마실 때 설탕을 적게 넣는다.

2. 나트륨

나트륨은 주로 염소와 결합되어 소금의 형태로 존재하며 그림 7-1, 소금은 우리가 살아가는 데 물과 같이 없어서는 안 되는 매우 중요한 물질이다. 고대의 역사 속에서도 소금은 매우 귀한 물질로, 소금으로 급여를 받기도 하였다. 소금을 얻기 위해 교역로가 발달하였으며, 전쟁을 하기도 하였다. 그러나 지금은 매우 흔하고, 가공식품의 발달로 사람들은 점점 지나친 양을 섭취하게 되었다.

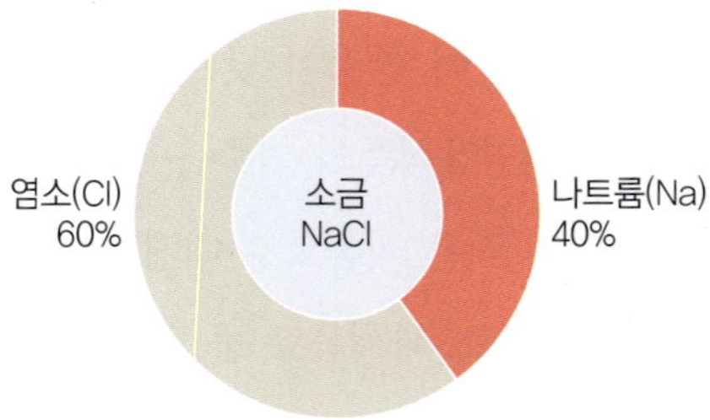

그림 7-1 ▸ 소금의 구성 성분

1) 나트륨의 기능

우리가 섭취한 나트륨은 대부분 흡수되어 세포외액에서 수분 평형과 산·염기 평형을 이루는 데 중요한 역할을 한다. 이외에도 근육 수축, 신경 전달, 글루코스와 같은 영양소의 흡수에 관여한다.

식품 중에 나트륨을 첨가하면 풍미를 증진시키고 음식의 조직을 변화시키며, 보존성을 높여 준다. 따라서 자연식품에는 나트륨 함량이 낮은 데 비해, 가공식품에는 나트륨 함량이 높다. 우리가 섭취하는 나트륨의 약 90% 이상이 가공식품과 외식 음식에서 온다.

2) 나트륨과 건강문제

(1) 고혈압

일반적으로 나트륨을 많이 섭취하면 혈압이 높아지며, 나트륨 섭취량을 줄이면 혈압을 낮출 수 있다. 혈압을 정상 범위로 유지하는 것은 심혈관 질환, 뇌졸중, 신장 질환 등을 예방하는 데 매우 중요하다.

(2) 골다공증

체내에서 나트륨이 배설될 때 칼슘과 함께 배설되므로 골다공증의 위험이 높아진다.

(3) 심혈관 질환, 뇌혈관 질환

나트륨의 과다 섭취는 고혈압뿐 아니라 고혈압으로 인하하여 혈관에 손상이 생기면서 심혈관 질환, 뇌혈관 질환 등의 발생을 높이는 데 영향을 준다.

(4) 위암

나트륨은 위점막을 자극하여 위염을 일으키고, 만성위염은 위암으로 발전되기 쉽다.

(5) 만성신부전

고혈압으로 신장의 모세혈관이 망가지면서 신장 기능이 쇠퇴한다.

3) 나트륨 함유식품

나트륨은 자연식품보다는 가공식품에 많이 들어 있다. 자연식품 중 밥, 신선한 과일, 채소, 콩류, 육류에는 매우 적은 양이 들어 있으며, 그 다음으로는 달걀, 어패류, 우유 등의 순이다.

가공식품을 만들거나 조리를 할 때에는 나트륨을 많이 첨가하므로, 우리가 섭취하는 대부분의 나트륨은 가공식품이나 조리할 때 첨가하는 나트륨에서 온다. 또한 가정에서의 식사나 단체급식보다 외식의 나트륨 함량이 높으며, 외식 음식 중에서는 짬뽕, 우동, 열무냉면, 김치우동, 쇠고기육개장 등 국물 음식에 나트륨이 많이 함유되어 있다. 그림 7-2는 양념류의 나트륨 함량이다.

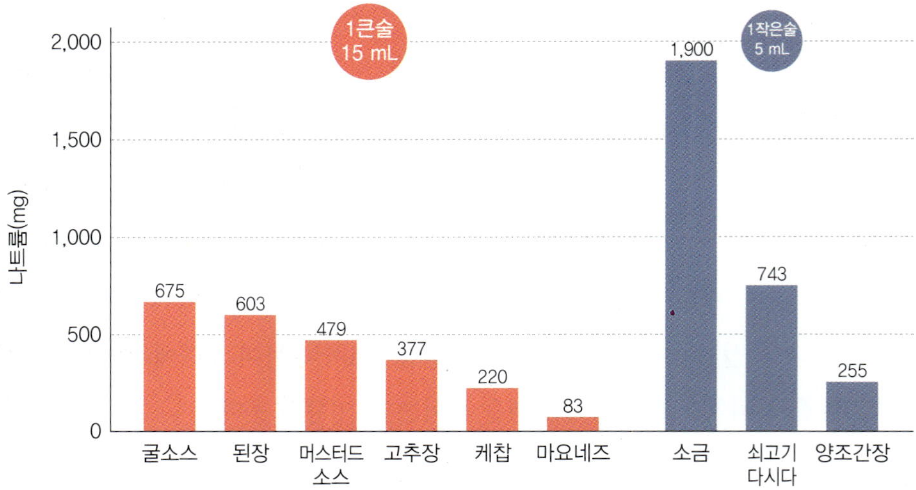

그림 7-2 ▸▸ 양념류의 나트륨 함량
출처: 식품의약품안전처 나트륨 줄이기

4) 적절한 섭취량 및 섭취 실태

소금의 약 40%가 나트륨이므로 1작은술(5 g)의 소금에는 약 2 g(2,000 mg)의 나트륨이 함유되어 있다. 2020 한국인 영양소 섭취기준에서는 성인의 나트륨 충분섭취량은 1,500 mg, 만성질환 위험감소를 위한 섭취량은 2,300 mg으로 정하였다.

2020년 국민건강영양조사 결과에 따르면, 우리 국민의 평균 나트륨 섭취량은 3,200 mg으로 충분섭취량인 1,500 mg의 2배 이상을 섭취하고 있었다. 2013~2017년의 국민건강영양조사를 분석한 결과에 의하면, 나트륨의 급원식품군과 급원음식류의 순위는 연도에 따라 차이가 없었다. 주요 급원식품군으로는 소금, 간장, 된장 등의 양념류가 매년 전체 섭취량의 45% 이상이었으며, 급원음식류로는 면 및 만두류, 김치류, 국 및 탕류의 순이었다.

5) 나트륨 섭취를 줄이는 방법

(1) 식품 선택 시

- 국, 찌개, 탕류 등은 국물에는 나트륨이 많으므로 국물보다 건더기 위주로 먹는다.
- 식품을 가공할 때 나트륨이 첨가되므로 가공식품보다는 자연식품을 선택한다.

- 나트륨 함량이 많은 다음의 식품들은 적게 섭취한다.
  - 된장, 고추장 등 나트륨 함량이 높은 양념류
  - 나트륨 함량이 높은 김치류, 젓갈류
  - 햄, 소시지, 베이컨 등의 훈제육류
  - 캔에 들어 있는 참치, 연어 등의 어류나 채소
  - 감자칩, 크래커 등의 짠 스낵
  - 피클, 올리브와 같이 소금물에 담가 있는 식품
  - 가공치즈
  - 별도로 제공되는 양념류 및 소스류
- 영양표시를 보고 나트륨 함량이 적은 식품을 선택한다.
- '저나트륨' 제품을 선택한다.
- 견과류에 소금이 들어가지 않은 것을 선택한다.
- 과일, 채소, 우유는 나트륨 배출을 도와주므로 충분히 섭취한다.

(2) 조리 시 또는 음식 섭취 시

- 조리 시 소금이나 조미료를 많이 넣지 않는다.
- 김치는 되도록 싱겁게 만들어 먹는다.
- 저염간장, 저염된장 등을 이용하여 조리한다.
- 소금 대신 허브나 다른 향신료를 이용하여 조리한다.
- 가공식품을 덜 먹는다.
- 외식을 줄인다.
- 주문할 때 싱겁해 만들어 달하고 요청한다.

BOX 2

식품의약품안전처의 '나트륨 줄이기 운동'

우리 국민의 식생활에서 외식과 가공식품의 이용이 증가하면서 나트륨 섭취량도 지속적으로 늘어남에 따라 나트륨 섭취량을 줄이기 위해서는 범국민 운동이 필요한 것으로 판단되어, 2012년 3월 21일 나트륨 저감화 운동의 구심체인 '나트륨줄이기운동본부'가 출범하였다.

식품의약품안전처와 나트륨줄이기운동본부에서는 대국민 홍보, 지자체별 나트륨 줄이기 캠페인 실시, 단체급식소, 외식업체 등 공급자의 나트륨 저감화 동참, 소비자의 나트륨 줄이기 인식 확산 및 행동 변화 유도 등으로 나트륨을 줄이기 위한 노력이 지속되고 있다. 그 결과, 우리 국민의 나트륨 섭취량은 2010년도 4,878 mg에 비해 2014년 3,890 mg으로 4년 만에 20%가 감소되어 세계적으로 유례없는 성과를 거두었으며, 사회경제적 효과는 약 11조 원으로 추정되었다.

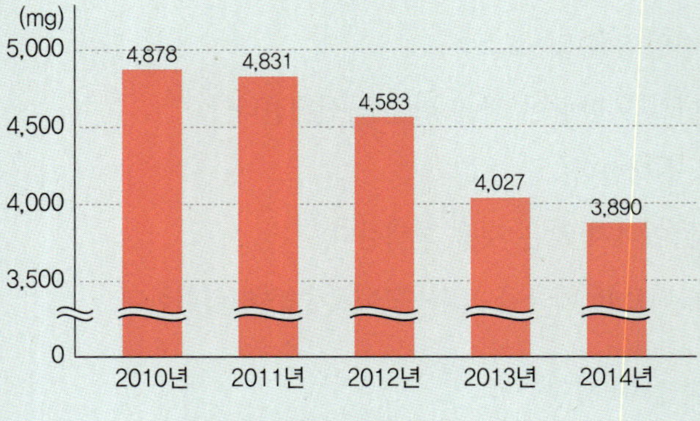

나트륨 줄이기 운동의 주요 성과

출처: 2015 나트륨줄이기운동본부 활동보고서

8 음료와 술

1. 음료류
2. 술

음료에는 알코올 성분이 함유되지 않은 비알코올성 음료와 알코올성 음료인 주류(술)가 있다. 《식품공전》에 의하면 비알코올성 음료인 음료류는 과일·채소류 음료, 탄산음료류, 다류, 커피 등으로 나뉘며, 술은 곡류, 서류, 과일류 및 전분질 원료 등을 주원료로 하여 발효 등 제조·가공한 양조주, 증류주 등 「주세법」에서 규정한 주류를 말한다.

양조주는 과일이나 곡물을 효모에 의해 발효시킨 것으로 포도주, 맥주, 청주, 탁주 등이 있으며, 알코올 함량은 3~18% 정도로 비교적 낮아 변질되기 쉬우나 특유의 맛과 향이 있다. 증류주는 양조주를 증류하여 알코올을 모아 냉각시킨 것으로 알코올 도수가 높으며 소주, 고량주, 위스키, 브랜디, 진, 럼, 보드카, 테킬라 등이 여기에 속한다.

1. 음료류

음료류는 과일·채소류 음료, 탄산음료류, 두유류, 발효음료류, 인삼·홍삼 음료, 다류, 커피류 등 음용을 목적으로 하는 식품을 말하며, 주류, 무지유고형성분이 4% 이상인 음료는 포함하지 않는다.

1) 과일·채소류 음료

과일·채소류 음료는 과일이나 채소를 주원료로 하여 가공한 것으로서 직접 또는 희석하여 음용하는 것으로 농축과·채즙(또는 과·채분), 과·채주스, 과·채음료가 있으며, 음료의 형태에 따라 과채즙 함량에 차이가 있다 표 8-1. 농축과즙은 과일을 장시간 가열 농

표 8-1 ▸▸ 과일·채소류 음료의 유형과 과·채즙 함량

과일·채소류 음료의 유형	과일즙/채소즙/과·채즙 함량
농축과·채즙(또는 과·채분)	50% 이하
과·채주스	95% 이상
과·채음료	10% 이상

축한 후 -18℃에서 냉동한 것으로 물을 넣어 농축 전의 과즙과 같은 농도로 만들면 100% 주스로 표기할 수 있으며 여기에 합성착향료도 첨가된다. 비농축과즙not from concentrate, NFC은 과즙을 농축하지 않고 바로 살균 처리한 100% 과실주스를 말한다. 현재 시판 중인 대부분의 NFC 주스는 농축과즙과 비농축과즙을 혼합해서 만든다.

2) 탄산음료류

탄산음료류는 탄산가스를 함유한 탄산음료, 탄산수를 말한다. 탄산음료는 먹는 물에 식품 또는 식품첨가물과 탄산가스를 혼합한 것이거나 탄산수에 식품 또는 식품첨가물을 가한 것이며, 탄산수는 천연적으로 탄산가스를 함유하는 물이나 먹는 물에 탄산가스를 가한 것이다.

(1) 탄산음료

탄산음료는 우리나라 국민이 가장 많이 섭취하는 음료이며 사이다, 콜라, 토닉 워터, 닥터 페퍼, 마운틴 듀, 과일 탄산음료(환타), 보리 탄산음료(맥콜), 우유 탄산음료(암바사, 밀키스), 진저 에일 등이 있다.

사이다란 원래 사과과즙을 알코올 발효시킨 사과술이었지만 일본인이 탄산음료에 사과향을 넣어 만든 음료를 사이다라고 하면서 무색 투명하고 단맛 있는 탄산음료를 사이다라고 부르게 되었다. 우리나라에서는 탄산수에 단맛을 가미한 소다팝soda pop을 사이다라고 한다. 콜라는 원래 약용(우울증 치료 등)으로 개발된 음료이며 열대식물인 콜라나무 열매 추출물을 캐러멜 색소로 색을 내고 산미료와 탄산가스를 넣어 만든 것이다. 콜라나무 열매는 커피콩의 2~3배의 카페인을 함유하고 있기 때문에 콜라는 카페인 함량이 높은 음료이다.

(2) 탄산음료와 건강

일반적으로 탄산음료를 제조할 때 산미료(구연산, 사과산, 인산), 보존료(안식향산, 소르빈산) 그리고 다양한 색과 향을 내기 위해 합성 착색료, 합성 착향료, 캐러멜 색소 등을 첨가한다. 탄산음료는 pH가 매우 낮아 치아 손상과 충치를 유발하며, 당 함량은 높고 비타민·무기질이 없으며, 칼슘과 인의 비율이 불균형으로 칼슘 부족이 일어나기

표 8-2 ▸ 음료의 pH와 당 함량

음료의 종류	당 함량(g/100 mL)
콜라	12.6
사이다	10.3
착향 탄산음료(환타, 오란씨, 써니텐 등)	13.0
유성 탄산음료(암바사, 밀키스 등)	10.9
핫식스	30.0
레드불	27.0
스포츠음료(포카리스웨트)	6.0
어린이음료	11.6
오렌지 주스	13.5
당근 주스	7.4
식혜음료	13.1

쉬워 골밀도 감소, 영양불균형을 초래할 수 있다. 탄산음료의 당류는 지방으로 축적되어 비만, 제2형 당뇨병, 동맥경화 등 만성질환의 원인이 되기도 한다. 음료의 당 함량은 표 8-2와 같다.

3) 두유류

두유류는 원액두유와 가공두유로 나누어지며 두유액, 두유, 분말두유 등이 있다. 원액두유는 두류에서 추출한 유액으로 7% 이상의 두류 고형분을 함유하고 있다. 가공두유는 원액두유나 두류가공품의 추출액에 과일·채소즙이나 우유, 유가공품, 곡류분말 등을 첨가한 것 또는 이를 분말화한 것으로 두류고형분 함량은 각각 1.4% 이상, 50% 이상이다. 두유는 고소하고 부드러운 맛을 내기 위해 탄산수소나트륨, 구연산나트륨, 검질, 영양강화제(합성비타민), 두유향, 시리얼향 등 여러 식품첨가물을 사용하므로 구입 시 식품첨가물 사용 여부를 꼼꼼히 체크해야 한다. 콩 껍질을 까지 않고 통째로 갈아 만든 전두유는 일반두유에 비해 콩에 함유된 단백질, 식이섬유, 이소플라본 등이 풍부하다.

4) 혼합음료와 음료 베이스

혼합음료는 먹는 물 또는 동식물성 원료에 식품 또는 식품첨가물을 가하여 음용할 수 있도록 가공한 것으로 비타500, 스포츠음료(포카리스웨트, 게토레이, 파워에이드 등), 차 음료 등이 여기에 속한다. 스포츠 음료는 격렬한 운동이나 노동으로 인해 일시적으로 몸에서 다량으로 빠져 나간 수분과 전해질을 보충해 주는 음료이므로 일상적 스포츠 활동으로 전해질 균형이 깨지는 일은 거의 없기 때문에 굳이 스포츠음료를 마실 필요는 없다. 이 음료의 주성분은 물, 감미료(설탕 등), 그리고 전해질을 제공하기 위한 무기질(나트륨, 칼륨, 마그네슘 등)이다. 1캔(200 mL)당 100 mg 정도의 나트륨(소금 약 0.25 g)이 함유되어 있어 평상시 음료 대용으로 마시는 경우 과다한 나트륨 섭취 우려가 있다. 또한 기호도를 높이기 위해 당류, 합성 착향료나 인공색소, 유화제, 카페인 등을 사용한다. 음료 베이스에는 식초음료(홍초, 감식초 등)와 효소음료 등이 있다.

5) 다류

다류는 식물성 원료를 주원료로 하여 제조·가공한 기호성 식품으로 식품의 유형에 따라 침출차, 액상차, 고형차로 구분한다. 폴리페놀과 같은 항산화성분은 다른 차에 비해 침출차(물에 침출하여 마시는 차)에 많으며, 찬물(4℃)보다 따뜻한 물(100℃)에 우려 낸 침출차에 더 많으므로 100℃에서 3~5분 정도 우려 낸 후 마시는 것이 좋다.

(1) 녹차, 홍차, 우롱차

차는 발효 정도에 따라 비발효차, 부분발효차, 발효차, 후발효차로 나뉘며 각각 녹차, 우롱차, 홍차, 보이차가 대표적이다.

녹차는 차잎을 볶아 효소를 불활성화시킨 후 그대로 건조시켜 만든다. 녹차 음료는 녹황색이며 쓴맛과 떫은맛이 있고 향미는 홍차보다 약하다. 일본식 녹차인 말차(차잎을 비비지 않고 가루로 만든 것)는 찻잎을 가루 상태로 다 먹게 되므로 비타민 A·C, 식이섬유를 섭취할 수 있으며, 빵, 아이스크림, 양갱, 빙수 등 다양한 제품에 이용된다.

홍차는 차잎의 조직을 파괴하여 효소적 산화가 일어나도록 한 후 가열, 건조시킨 것이다. 산화가 일어나는 과정을 발효라고 하며, 발효과정에서 폴리페놀화합물이 산화되어 찻잎이 갈색으로 변한다. 중국의 기문홍차, 인도의 다즐링, 스리랑카의 우바가 세계 3대 명차에 속한다. 홍차는 한 종류의 찻잎을 사용한 스트레이트 티straight tea(3대 명차, 실론, 아쌈), 두 종류 이상의 찻잎을 배합한 블렌디드 티blended tea, 꽃이나 꽃향, 과일향 등 향을 섞은 가향차flavored tea로 구분된다. 대표적 가향차에는 베르가모트 향을 입힌 얼그레이차, 재스민차 등이 있다. 홍차는 녹차에 비해 향이 쉽게 달아나고 쉽게 산화하므로 조금씩 담아 밀봉하여 보관하고 상미기한best before date 내에 마셔야 홍차 고유의 향을 즐길 수 있다.

우롱차는 약간 갈색을 띠며 발효정도가 30~70% 정도인 반발효차로 향미는 녹차와 홍차의 중간 정도이다. 색이 검고 용같이 구부러졌다 하여 우롱차(烏龍茶)라고 부른다.

(2) 옥수수차

옥수수는 옥수수 알갱이와 수염을 모두 차로 만들어 마실 수 있다. 말린 옥수수 알갱이 볶은 것을 끓인 옥수수차는 구수한 맛이 강한 반면, 옥수수 수염차는 단맛이 강하다. 옥수수 수염차는 상하기 쉬워 보존기간이 짧고, 신장 기능이 약한 사람이 마시면 좋지 않다. 옥수수 수염차는 혈압 및 혈당 강하, 이뇨·이담작용, 나트륨 배설과 산화 방지 효과 등이 있다. 옥수수 수염에는 항암·항균 효과를 돕는 매이신maysin이 들어 있다.

6) 커피

커피는 커피 원두를 가공한 것 또는 이에 식품 또는 식품첨가물을 가한 것으로서 볶은 커피(커피원두를 볶은 것 또는 이를 분쇄한 것), 인스턴트 커피(볶은 커피의 가용성 추출액을 건조한 것), 조제커피, 액상커피(유가공품에 커피를 혼합한 것, 커피고형분 0.5% 이상)를 말한다.

(1) 커피 원두

널리 재배되는 커피나무 품종은 아라비카종과 로부스타종이다. 생산량이 가장 많

아라비카종

로부스타종

리베리카종

은 것은 아라비카종으로 세계 커피 생산량의 약 75%를 차지하며 향미가 풍부하고 카페인이 적다. 또한 맛이 부드럽고 신맛이 강하다. 로부스타종은 세계 생산량의 30%를 차지하며 구수한 맛이 있고 인스턴트 커피 제조에 이용된다.

커피나무의 작은 열매(커피 체리) 속에는 두 개의 씨, 즉 커피콩이 들어 있다. 커피 체리는 건조하여 그대로 유통되며(그린커피green coffee), 이를 로스팅하면 커피의 풍부한 향과 특유의 색이 생성된다. 원두를 약하게 로스팅하면 연한 갈색을 띠면서 신맛이 강하고 오래 로스팅할수록 색이 점점 짙어져 검게 되고 향이 진하며 쓴맛이 난다. 스트레이트 커피의 단조로움을 피하고 새로운 맛과 향을 만들어 다양한 풍미의 커피를 즐길 수 있도록 두 가지 이상의 커피를 혼합(블렌딩)하기도 한다.

(2) 커피 음료

① 인스턴트 커피

인스턴트 커피는 아주 진하게 추출된 커피를 건조시켜 분말 또는 입자상의 물질로 만든 것으로 향미 성분이 부족하나 물과 혼합하면 바로 녹아 손쉽게 이용할 수 있다. 인스턴트 커피는 수분을 잘 흡수하므로 수분과 공기가 통하지 않도록 잘 보관한다. 최근 기존 인스턴트 커피보다 낮은 온도와 압력으로 추출하여 원두커피 고유의 풍미를 느낄 수 있도록 재현한 인스턴트 원두커피(카누, 루카 등)가 인스턴트 커피 시장을 주도하고 있다.

② 커피믹스

커피믹스는 커피에 설탕, 프림 등을 조합한 대표적 조제 커피이다. 1976년에 처음 개발되었고 음용 편의성 때문에 수요가 급증하였으며, 초기 세계시장에서 스페셜티 커피로 분류되었으나 현재 커피믹스로 통용되고 있다. 커피 프림의 주성분은 식물성 경화유이며 물엿, 유화제와 같은 첨가물이 들어 있다. 최근 저지방 프림이 시판되고 있으나 일반적으로 프림은 설탕보다 더 많은 열량을 내므로 주의해야 한다.

③ 커피 음료

커피 음료는 커피 추출액이나 농축액 또는 인스턴트 커피를 물에 용해한 것 또는 여기에 당류, 유성분 등을 혼합한 액체커피이며, 병, 캔, 컵, 파우치 등의 형태로 되어 있다. 커피를 포장하는 방법에 따라 캔 커피, 유리병 커피, 페트병 커피, 캔과 PET의 장점을 섞어 알루미늄 재질로 만든 NBnew bottle 커피, 플라스틱으로 만든 컵 커피 등으로 나뉘며, 이들은 구입해서 바로 마실 수 있는 RTDready to drink 커피이다. 우유가 주원료인 라테와 같은 커피 음료는 당 함량이나 열량이 탄산음료와 비슷한 제품도 있고, 커피향, 코코아향 등 합성 착향료, 유화제와 같은 여러 첨가물을 사용하므로 이들을 고려하여 잘 선택해야 한다.

표 8-3 ▸ 커피 음료(RTD)의 열량

종류	열량(kcal/100 mL)	종류	열량(kcal/100 mL)
아메리카노(블랙, D사)	2.9	카페 모카(D사)	54.3
아메리카노(스위트, D사)	17.5	카푸치노(M사)	65
아메리카노(B사)	14.5	카푸치노(N사)	62.5
카페 라테(S사)	80	캐러멜 마키아토(N사)	67.5
카페 라테(마일드, M사)	40	프라푸치노(커피, S사)	58.7

향 커피란?

향 커피(헤이즐럿향 커피, 바닐라향 커피)는 1970년대에 미국에서 개발된 커피이다. 이 커피는 특정 인공 향을 지닌 기름을 로스팅 직후 커피 원두에 뿌려 흡수되도록 한 것이다. 보통 품질이 떨어지는 원두를 사용하며 커피와 향의 배합 비율은 3% 정도이다.

(3) 추출에 따른 커피의 종류

① 드립커피

드립커피는 가장 널리 사용되는 커피 추출방법으로 미국인과 독일인들이 즐겨 마신다. 커피 분말에 뜨거운 물을 부어 커피의 맛과 향이 잘 우러나게 걸러낸 커피이다. 1908년 독일인 멜리타 벤츠Melita Benz가 자기 필터에 남는 커피 찌꺼기의 불편함을 해소하기 위해 종이 필터를 발명하면서 보편화되었다. 종이 필터 외에 금속 필터(인도에서 많이 사용), 플라스틱 필터도 사용한다. 드립커피는 자동 커피메이커를 이용하기도 하지만 수동식 드립기를 이용하여 핸드 드립커피를 내리기도 한다.

핸드 드립기

② 에스프레소

에스프레소espresso는 '빠르다'는 뜻의 '익스프레스express'를 의미하며, 데미타세라는 작은 잔에 마시는 매우 진한 이탈리아식 커피이다. 에스프레소는 드립커피보다 미세하게 분쇄한 원두를 고압의 뜨거운 물로 단시간(보통 20~30초) 내에 추출한다. 에스프레소는 고압을 사용하기 때문에 드립식 커피보다 원두의 신선도, 추출온도보다 시간에 민감하다. 에스프레소를 추출하면 붉은 갈색의 풍성한 거품층인 크레마crema가 형성되는데 신선한 원두일수록 크레마가 잘 형성된다. 크레마는 원두의 불용성 오일이 유화 상태로 함께 추출되어 커피 표면을 덮는 거품층으로 커피향을 품고 있다.

에스프레소 추출기

에스프레소를 이용한 커피에는 카페 아메리카노, 카페 라테, 카푸치노, 카페 마키아토, 카페 콘파냐, 카페 모카 등이 있다.

- 카페 아메리카노 : 에스프레소를 물로 희석한 커피로 유럽에서 미국인 관광객을 위해 드립커피 농도로 만든 것이다.
- 카페 라테 : 라테는 이탈리아어로 '우유'를 뜻하며 에스프레소에 따뜻하게 데운 우유를 넣은 것으로 카푸치노보다 우유의 양이 조금 많다. 카페 라테에 바닐라, 캐러멜, 헤이즐넛 등 향 시럽을 첨가하여 다양한 라테를 만들 수 있다. 프랑스의 카페오레는 드립커피를 이용하며 카페라테에 비해 우유의 비율이 적고 커피의 양이 많다.

- 카푸치노 : 에스프레소에 우유를 넣고 위에 우유 거품을 얹은 후 계핏가루를 뿌린 것이다.
- 카페 마키아토 : 에스프레소에 우유 거품을 얹은 커피이다. 마키아토macchiato는 '얼룩진', '점찍다'를 의미하며 에스프레소를 추출할 때 나타나는 크레마에 우유 거품이 얼룩진 모양을 뜻한다. 캐러멜 시럽을 우유 거품 위에 얹은 캐러멜 마키아토, 우유를 더 첨가한 라테 마키아토 등도 있다.
- 카페 콘파냐 : 에스프레소 위에 생크림을 얹은 것이다.
- 카페 모카 : 에스프레소에 초콜릿 소스와 데운 우유를 섞은 후 생크림을 얹은 것이다.

③ 더치커피

상온의 물 또는 찬물을 한 방울씩 떨어뜨려 장시간(4~12시간) 추출하는 커피이다. 더치커피는 '네덜란드풍Dutch의 커피'라 하여 붙여진 일본식 명칭이며, '차가운 물에 우려 낸다'는 뜻으로 콜드 브루cold brew라고도 한다.

더치커피 기구

7) 카페인과 건강

커피, 차, 코코아, 콜라 등은 카페인을 포함하는 음료이다 표 8-4. 카페인이 체내 칼슘의 흡수를 방해하고 소변을 통한 배설을 촉진하지만, 적당량의 칼슘을 섭취하는 사람에게는 큰 영향을 주지 않는다고 한다. 또한 철 흡수를 방해하여 임신부에게 빈혈을 일으킬 수 있다.

적당량의 카페인 섭취는 피로 회복, 졸음을 막아주는 각성 효과, 이뇨작용을 통한 노폐물 배설 그리고 집중력과 업무 능력을 향상시킨다. 그러나 장기간 많은 양을 섭취하면 카페인 중독으로 신경 과민, 근육 경련, 불면증, 두통, 위장 질환 등의 증상이 나타날 수 있다. 특히 임신 중 카페인 섭취는 태아의 성장을 억제하고 저체중아를 출산할 위험이 있다. 카페인에 대한 민감도는 개인에 따라 차이가 있으나, 일반적으로 하루 섭취량이 어린이 100 mg, 청소년 200 mg, 성인 300 mg 이상이면 카페인 중독증이 생길 수 있다. 식품의약품안전처는 1 mL당 카페인 함량이 0.15 mg이상인 고카페인 음료

표 8-4 ▸ 음료의 카페인 함량

종류		카페인 함량 (mg/100 mL)	종류		카페인 함량 (mg/100 mL)
커피	인스턴트 커피(자판기)	26	커피	마키아토(I사)	40.7
	인스턴트 커피믹스 (오리지널, D사)*	55		프라푸치노(모카, S사)	29.1
	인스턴트 원두커피 (아메리카노, 레귤러, D사)*	54	차	녹차	23
	인스턴트 원두커피 (아메리카노, 다크, D사)*	61		홍차	13.3
	드립커피	40	탄산 음료	콜라	8
	디카페인 드립커피	1.3		다이어트 콜라	12
	아메리카노(D사)	34		마운틴 듀	16
	카페 라테(E사)	63		닥터 페퍼	10
	카페 모카(N사)	30.6		핫식스	24
	모카초코(N사)	32.5		레드불	25

*1봉을 물 100 mL에 타서 마시는 경우

에 총카페인 함량, 고카페인 함유 표시, 어린이와 임산부에 대한 주의 문구를 의무적으로 표시하도록 하였다. 우리나라의 카페인 섭취기준은 성인은 1일 400 mg 이하, 임산부는 1일 300 mg 이하, 어린이는 체중 1 kg당 2.5 mg 이하이다.

2. 술

1) 탁주·약주·청주

호화된 쌀과 누룩을 주원료로 하여 발효시킨 후 여과과정을 거치지 않아 혼탁한 술을 탁주(막걸리)라고 하며, 물로 희석하여 알코올 농도가 6~8% 정도 되도록 하여 판매한다. 탁주를 하루 정도 방치하면 위에 맑은 부분이 분리되는데 이를 떠낸 것이 약주이다. 약주는 청주라고도 부르지만 「주세법」에 의하면, 일본식으로 빚은 술만을 청주라고 하고, 전통방식으로 빚은 술은 약주라고 한다. 「주세법」에서는 전통 누룩의 사용량으로 약주(1% 이상)와 청주(1% 미만)를 구분한다.

약주에 속하는 전통주에는 가향주(꽃, 과실을 넣어 향과 색을 냄)인 송화주, 두견주, 국화주, 연엽주, 그리고 약재를 넣은 소곡주, 신선주, 백일주 등이 있다.

2) 맥주

맥주는 맥아 또는 맥아와 전분질 원료, 홉hop 등을 주원료로 하여 발효시켜 여과한 것으로 세계에서 가장 오래된 발효주이면서 가장 대중적인 술이다. 맥주는 보리를 발아시킨 맥아(엿기름)로 당화시켜 즙을 만들고, 효모로 발효시켜 만든 술이다. 발효 후 살균 처리를 하지 않은 맥주를 생맥주(드래프트비어draft beer), 살균한 것을 저장맥주(라거맥주lager beer)라고 한다. 맥주의 온도가 높으면 쓴맛이 강하고, 너무 낮으면 거품이 나지 않아 맥주 본연의 맛을 느낄 수 없으므로 여름에는 4~8℃, 겨울에는 8~12℃가 적당하다. 맥주의 거품은 탄산가스의 방출을 막아 주고 공기를 차단하여 산화를 억제한다.

3) 과실주

과실주는 과실 또는 과즙을 주원료로 하여 발효시킨 술이다. 대표적 과실주인 포도주wine는 색에 따라 백포도주, 적포도주, 분홍색 포도주(로제 와인)로 나뉘며, 이외에 디저트 와인, 스파클링 와인 등이 있다.

포도주는 보관할 때는 코르크가 마르지 않도록 눕혀서 보관해야 산소의 침투를 차단하여 부패를 막을 수 있다. 오래된 포도주가 꼭 좋은 것은 아니다. 포도주는 맛뿐 아니라 향과 색깔을 모두 즐기며 마시기 때문에 투명한 유리잔에 마신다. 포도주는 마실 때의 온도가 맛과 풍미를 좌우하는데, 백포도주(알코올 10~14%)는 10℃ 정도, 적

매실주 담글 때 주의할 점은?

식약처에서는 매실주를 담글 때는 에틸카바메이트의 생성을 줄이기 위해 매실의 씨와 알코올이 직접 닿지 않도록 씨를 미리 제거하거나 담근 매실주에서 100일 이내에 매실을 꺼내는 것이 좋다고 하였다. 에틸카바메이트는 국제암연구소에서 발암 가능 물질로 분류되었으며, 알코올성 음료에서 검출되어 알코올을 많이 마시면 그 섭취량도 증가한다. 장기간 노출되면 신장과 간에 손상을 준다.

포도주(알코올 12~14%)는 18℃ 정도가 적당하다.

디저트 와인은 일반 포도주에 브랜디나 과즙을 혼합하여 알코올 함량이 18% 정도로 높고 단맛이 강하다. 스파클링 와인의 알코올 함량은 약 10~14%이다. 샴페인은 프랑스 샹파뉴 지방에서 제조한 스파클링 와인을 말한다.

4) 소주

소주는 곡류를 발효시킨 발효주를 증류한 증류식 소주를 말하는데 현재 유통되는 대부분의 소주는 희석식 소주이다. 희석식 소주는 당밀이나 옥수수 전분 등을 발효시킨 양조주를 증류하여 얻은 주정(85~95% 에탄올 함유)에 물을 타서 20~35%로 만든 것이다. 일반 소주보다 도수를 낮춘 저도수 소주, 달콤한 과일맛 소주, 칵테일 소주 등 다양한 제품이 판매되고 있다. 전통주로는 안동소주, 문배주, 이강주, 불소곡주, 송화백일주 등이 있다.

5) 위스키

위스키whisky는 발아된 곡류 또는 이에 곡류를 넣어 발효시킨 술덧을 증류하여 나무통에 넣어 저장 또는 이에 주류 등을 첨가한 것이다. 위스키는 맥아 및 기타 곡류를 발효, 증류한 후 오크통에서 숙성하는 과정 중에 독특한 향이 생성된다.

6) 브랜디

브랜디brandy는 포도주를 2번 증류해서 얻은 무색 투명한 액체를 오크통에 넣고 숙성시켜 만들며, 알코올 함량 40% 이상이고 서양인들이 식후주로 가장 좋아하는 술이다. 숙성 중 참나무의 독특한 색깔과 향이 술에 스며들며 숙성 정도에 따라 브랜디의 품질이 달라진다.

7) 술과 건강

(1) 알코올의 대사

에탄올은 작고 수용성이므로 빠른 속도로 흡수된다. 흡수된 에탄올의 일부는 위장 내에서 대사되지만 대부분은 간에서 대사되어 몸 밖으로 배출된다. 에탄올은 아세트알데하이드로 산화되고 다시 아세테이트로 산화되는데, 아세트알데하이드는 숙취, 두통의 원인 물질이다 그림 8-1. 아세트알데하이드 탈수소효소의 활성이 낮은 사람은 술을 조금만 마셔도 얼굴이 붉어지고 취하는 증상을 보이게 된다.

아세트알데하이드는 숙취뿐 아니라 구강암, 후두암, 식도암, 간암, 대장암, 직장암 등

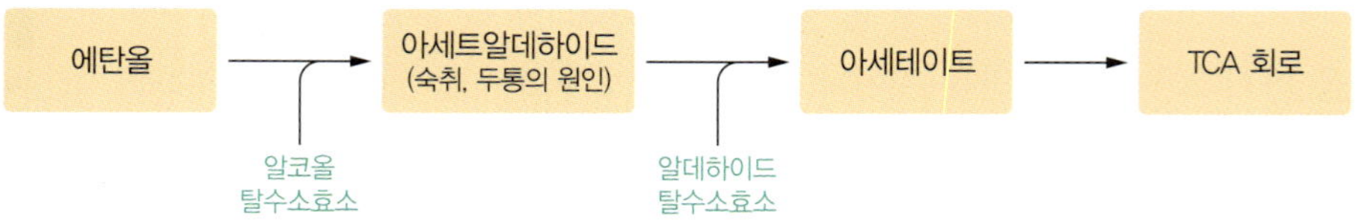

그림 8-1 ▸▸ 알코올의 대사과정

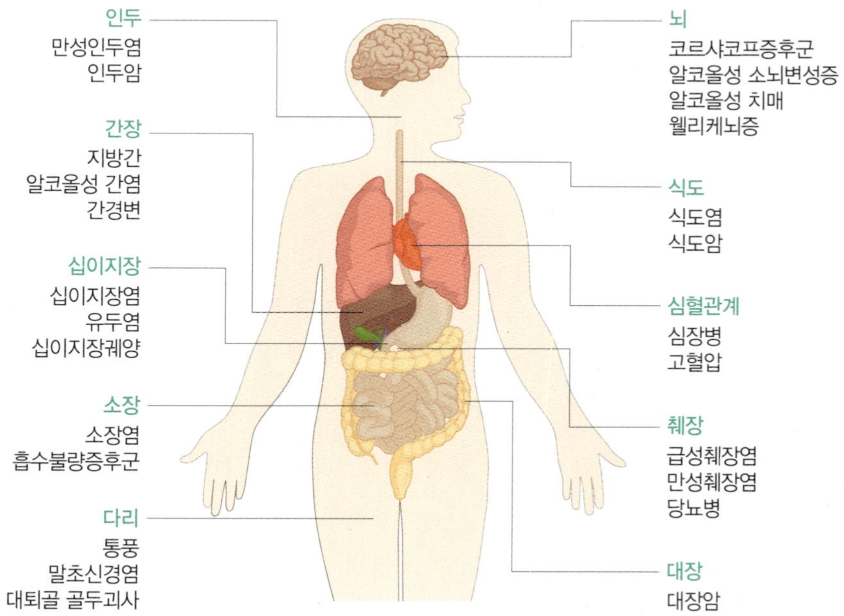

그림 8-2 ▸▸ 알코올이 신체에 미치는 영향
출처: 알코올중독상담센터

암 발생과도 관계가 있는 것으로 알려져 있으며, 하루에 50 g 이상의 알코올을 섭취하면 섭취하지 않은 사람에 비해 암 발생 위험이 더 3배 증가한다.

(2) 술과 영양·건강문제

에탄올은 7 kcal/g의 에너지를 내며 거의 모두 열로 발산되므로 실속없이 에너지만 낸다고 하여 'empty calorie'라고 한다. 체내에서 알코올이 연소되어 많은 에너지를 내므로 대부분 술을 마시면 다른 식품으로 섭취하는 에너지가 줄어들고, 결국 다른 영양소 섭취도 감소하므로 영양불량이 발생한다.

알코올 섭취로 인해 위장이 손상되면 영양소의 소화·흡수에 장애가 일어난다. 과량의 알코올 섭취는 담즙과 지방질분해효소의 분비 이상으로 지방질이 소화되지 못하여 설사를 하고, 지용성 비타민이 잘 흡수되지 않아 결핍 증상이 나타난다. 장점막이 손상되면 비타민 B_1, 비타민 B_{12}, 엽산 등의 흡수가 감소된다. 알코올 섭취 시 소변 양이 증가하여 니아신, 무기질(칼륨, 마그네슘, 아연 등)의 손실이 일어나므로 비타민과 무기질의 보충이 필요하다.

단시간 내에 많은 술을 마시면 부갑상선 호르몬의 분비 저하로 칼슘 배설이 증가하는 반면, 만성적인 과음은 비타민 D 대사 장애로 칼슘 흡수율이 저하되어 뼈가 약해져 골절의 위험이 높아진다. 지속적이고 과다한 음주는 지방간, 간경화, 간암, 대장암 등의 위험성이 높으며, 알코올 중독자는 면역 기능이 떨어져 세균성 또는 바이러스성 질환(감기 등)에 걸리기 쉽고 기억력 감퇴, 말초신경 장애를 유발할 수 있다.

표 8-5 ▸ 술의 열량과 알코올 함량

종류	알코올 도수 (%)	열량 (kcal)	표준잔 1잔의 양 (mL)	1잔당 알코올 함량 (g)
막걸리	4.8	84	250	12.0
캔맥주	4.5	82	260	11.7
포도주	12.5	83	95	11.8
소주	21.0	81	55	11.5
위스키	40.0	84	30	12.0

(3) 임신부의 알코올 섭취

임신 중에 알코올을 섭취하면 알코올이 태반을 쉽게 통과하며 분해산물인 아세트알데하이드는 태아의 세포 성장과 모체에서 태아로 영양소 이동을 방해하여 태아의 성장 발달에 영향을 미친다. 특히 태아의 장기가 발달하는 임신 초기의 알코올 섭취는 태아에게 더 심각한 영향을 미친다. 임신 중의 음주는 자연유산, 조산, 사산, 기형아, 태아의 지적 발달 장애 또는 태아알코올증후군fetal alcohol syndrome, FAS이라는 심각한 기형이 나타날 수 있다.

태아알코올증후군은 임신 중 여성이 알코올을 섭취함으로써 태어난 아기가 신체적·정신적 성장 장애를 보이는 선천성 질환으로 키와 몸무게가 작게 태어난다. 증상의 특징으로는 얼굴 변형, 소뇌증, 소안구증, 저체중, 성장 지연, 지적장애, 학습 및 행동장애 등이 있다 **그림 8-3**. 임신 중 소량의 음주에 의해서도 태아알코올증후군이 나타날 수 있으므로 임신한 여성은 술을 마시지 않아야 한다.

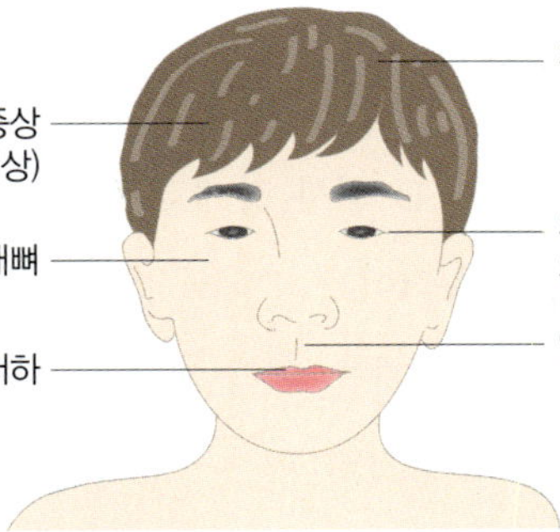

그림 8-3 ▸▸ **태아알코올증후군의 얼굴 형태**
출처: 국가건강정보포털

(4) 바람직한 음주 습관

- 술을 마실 때 적당한 식사를 한다.
- 안주는 열량이 높은 것은 피하고, 비타민과 무기질이 풍부한 과일과 채소류를 많이 먹도록 한다.
- 섭취빈도는 주 1~2회로 제한하고, 한 번 마신 후에는 3~4일 정도 간세포가 휴식

을 취할 수 있는 시간을 주도록 하며, 하루 음주량은 적정 수준을 지킨다.

- 여러 종류의 술을 섞어 마시지 않는다.
- 술을 마실 때 흡연하지 않는다. 담배의 니코틴이 알코올과 함께 간에 부담을 주기 때문이다.
- 신경안정제, 수면제, 감기약 등과 함께 마시지 않는다.

1 표준잔이란 무엇인가요?

우리나라 보건복지부에서는 순수 알코올 양 7 g을 1 표준잔으로 정의하고 있으며, WHO의 1 표준잔은 순수 알코올 양 10 g이 함유되어 있는 술 한잔을 말한다. WHO는 표준잔을 기준으로 남성은 하루 4잔(40 g), 여성은 하루 2잔(20 g)을 적정 음주량으로 권고하고 있다.
맥주 1잔(330 mL)에 들어있는 순수 알코올 양을 도수 4.5%로 계산하면 11.8 g으로 보건복지부 기준 1.7잔, WHO 기준 1.2잔에 해당한다.

9 기능성 성분

1. 기능성 성분의 생리 활성
2. 식물의 색과 파이토케미컬
3. 건강기능식품

1. 기능성 성분의 생리 활성

식품은 영양 기능, 감각 기능, 생리 활성 기능을 가지고 있다. 식품 성분 중 영양소는 아니지만 생리 활성 기능을 나타내는 성분을 기능성 성분이라고 한다. 기능성 성분은 대부분 식물에서 얻는데, 식물에 존재하고 있는 기능성 성분을 파이토케미컬phytochemical이라고 한다. 파이토케미컬은 영양소 이외의 생리 활성을 나타내는 식물화학물질로 정의된다. 파이토케미컬은 폴리페놀polyphenol, 테르펜terpene, 유기황화합물, 인돌indole/글루코시놀레이트glucosinolate로 분류된다. 파이토케미컬은 산화 방지 활성antioxidative activity, 면역력 증진, 항염증 활성, 항균 활성, 호르몬 유사 작용, 심혈관 질환 및 암과 같은 만성퇴행성 질환 예방 등 다양한 건강 증진 효과를 나타낸다.

1) 폴리페놀

폴리페놀에는 안토사이아닌anthocyanin, 카테킨catechin, 헤스페리딘hesperidin, 퀘세틴quercetin, 이소플라본isoflavone 등의 플라보노이드flavonoid와 엘라그산ellagic acid, 레스베라트롤resveratrol, 리그난lignan이 포함된다.

(1) 안토사이아닌

안토사이아닌은 산화 방지 및 항염증 활성을 나타내며, 심혈관 질환 예방 효과가 기대되는 수용성 색소이다. 안토사이아닌은 눈에 존재하며, 시각을 담당하는 감광색소인 로돕신의 재합성을 촉진하여 어두운 곳에서의 시각작용을 돕는다. 안토사이아닌은 아로니아, 블루베리, 블랙베리, 크랜베리, 라즈베리, 체리, 포도, 자색 양배추, 검은콩, 가지에 많이 함유되어 있다 그림 9-1.

아로니아 블루베리 블랙베리 가지

그림 9-1 ▶▶ 안토사이아닌 급원식품

(2) 카테킨

카테킨은 녹차에 많이 들어 있으며, 특유의 쓴맛을 가지고 있다. 카테킨은 홍차, 블랙베리, 코코아, 다크 초콜릿, 적포도주에도 들어 있다. 카테킨은 산화 방지 활성이 우수하여 활성산소와 자유라디칼로부터 세포를 보호한다. 카테킨은 체지방 감소에도 도움이 되는 것으로 알려져 있다.

(3) 헤스페리딘

헤스페리딘은 산화 방지 및 항염증 활성을 나타낸다. 헤스페리딘은 혈액 콜레스테롤 농도를 낮추며, 심혈관계 건강을 증진시킨다. 헤스페리딘은 오렌지, 귤, 자몽(그레이프프루트), 유자, 레몬에 많이 들어 있다.

(4) 퀘세틴

퀘세틴은 플라보노이드 중 자연계에 가장 많은 양이 존재하는 플라보노이드이다. 퀘세틴은 케이퍼caper와 양파에 많이 존재하는데, 양파에는 껍질 부위에 많다. 사과, 차, 체리, 블루베리, 꽃양배추(콜리플라워)도 퀘세틴의 급원식품이다 그림 9-2. 퀘세틴은 산화 방지 및 항염증 활성을 나타내고, 심혈관 질환과 암을 예방하는 효과가 기대된다.

그림 9-2 ▸ 퀘세틴 급원식품

(5) 이소플라본

이소플라본은 여성 호르몬인 에스트로겐estrogen과 구조가 유사하여 식물 에스트로겐phytoestrogen으로 불린다. 이소플라본은 에스트로겐 활성을 나타내어 골다공증 예방 및 치료와 유방암, 자궁암, 난소암, 전립선암과 같이 호르몬과 관련된 암을 예방하는 효과를 나타낸다. 이소플라본은 산화 방지 활성을 나타내고, 혈압을 낮추며, 심혈관 질환 예방 효과를 나타낸다. 검은콩, 노란콩, 두부, 두유는 이소플라본의 좋은 급

BOX 1

프렌치 패러독스는 무엇인가요?

프렌치 패러독스(French paradox)는 프랑스인들이 다른 유럽이나 북미 사람들과 마찬가지로 포화지방이 높은 음식을 먹는데도 심혈관 질환에 걸리는 비율이 낮은 현상을 말한다. 이는 프랑스인들이 즐겨 마시는 적포도주에 들어 있는 레스베라트롤이 심혈관 질환 예방 효과를 나타내기 때문인 것으로 알려져 있다.

원식품이다.

(6) 엘라그산

엘라그산은 라즈베리에 많이 함유되어 있고, 딸기, 블랙베리, 크랜베리, 석류, 호두에도 들어 있다. 엘라그산은 산화 방지 활성과 바이러스 및 세균 억제 활성을 나타내며, 암 예방 효과가 기대된다.

(7) 레스베라트롤

레스베라트롤은 포도, 적포도주, 블루베리, 땅콩에 많이 들어 있다. 레스베라트롤은 식물이 세균이나 곰팡이에 감염되었을 때, 이를 퇴치하기 위해 만들어 내는 항생 물질이다. 레스베라트롤은 산화 방지 활성을 나타내고, 혈관 내피세포의 기능을 도우며, 혈소판 응집을 저해하여 심혈관 질환 예방 효과를 나타낸다. 레스베라트롤은 항바이러스 및 항균 활성을 나타내며, 암을 예방하는 효과가 기대된다.

(8) 리그난

리그난은 참깨와 같은 종실류, 전곡류, 콩류, 채소류, 과일류에 존재하는데, 특히 아마씨flaxseed에 풍부하게 존재한다. 리그난은 산화 방지 활성을 나타낸다. 리그난은 에스트로겐과 구조가 유사한 식물성 에스트로겐이다. 따라서 리그난은 체내에서 약한 에스트로겐 활성을 나타내어 유방암, 자궁암, 전립선암 예방 효과가 기대되나, 암 예방 효과를 확실히 입증하기 위해서는 추가 연구가 필요하다.

2) 테르펜

테르펜류는 카로테노이드carotenoid, 사포닌saponin, 식물스테롤phytosterol로 분류된다. 카로테노이드에는 알파카로텐α-carotene, 베타카로텐β-carotene, 라이코펜lycopene, 루테인lutein, 제아잔틴zeaxanthin 등이 포함된다.

(1) 베타카로텐

베타카로텐은 산화 방지 활성을 나타내며, 면역력 증진 및 암 예방 효과가 기대된다. 베타카로텐은 당근, 늙은 호박, 고추, 치커리, 쑥갓, 시금치, 피망, 케일, 미나리, 셀러리 등 녹황색 채소와 감귤류, 살구, 망고 등 황색 과일, 고구마에 많이 들어 있다 그림 9-3.

당근 늙은 호박 고추 고구마

그림 9-3 ▸▸ 베타카로텐 급원식품

(2) 라이코펜

라이코펜은 산화 방지, 항염증, 항균 활성을 나타낸다. 라이코펜은 혈소판 응집을 저해하고 동맥경화증의 발생을 억제하여 심혈관 질환 예방 효과를 나타낸다. 또한, 라이코펜은 전립선암 예방 효과가 기대된다. 라이코펜은 빨간색 색소로 토마토, 수박, 적색 파프리카, 핑크 자몽, 핑크 구아바에 많이 들어 있다 그림 9-4.

토마토 수박 적색 파프리카 핑크 자몽

그림 9-4 ▸▸ 라이코펜 급원식품

(3) 루테인과 제아잔틴

루테인lutein과 그 이성질체isomer인 제아잔틴zeaxanthin은 눈에서 상이 맺히는 중요한 부위인 황반에 존재하여, 산화 방지 활성을 나타내어 활성산소로부터 눈을 보호한다. 황반의 루테인과 제아잔틴이 감소하면 황반변성과 백내장에 걸리기 쉽다.

루테인과 제아잔틴은 눈에 손상을 주는 자외선과 TV 화면, 컴퓨터 모니터, 휴대전화에서 나오는 청색광을 흡수하여 눈을 보호한다. 루테인은 시금치, 쑥, 로메인 상추, 피망, 케일, 셀러리, 브로콜리, 달걀노른자, 금잔화 등에 많이 들어 있다.

(4) 사포닌

사포닌saponin은 인삼, 도라지, 감초, 마늘, 더덕, 칡, 콩류 등에 들어 있다. 사포닌이 많은 식품은 물 속에서 거품이 일기 쉽다. 인삼의 사포닌 성분은 진세노사이드ginsenoside라고 불린다. 사포닌은 소장에서 담즙산의 재흡수를 저해하여 혈액 콜레스테롤 농도를 낮춘다. 사포닌은 면역력을 증가시키고, 항돌연변이 활성을 나타내며, 암 예방 효과가 기대된다.

(5) 식물스테롤

식물스테롤은 콜레스테롤과 구조가 유사하여 소장에서 콜레스테롤의 흡수를 저해한다. 따라서, 식물스테롤은 혈액 콜레스테롤과 LDL-콜레스테롤 농도를 낮추고, 동맥경화증 예방 효과가 기대된다. 식물스테롤은 옥수수, 견과류, 콩류, 과일류, 채소류 등 식물에 널리 존재하고 있는데, 특히 정제되지 않은 식물성 기름에 많이 들어 있다.

3) 유기황화합물

설포라판sulforaphane, SFN은 폐암, 위암, 대장암 등의 암 발병 위험을 감소시키는 효과를 나타낸다. 설포라판은 간에서 해독작용에 관여하는 효소의 활성을 도우며, 산화 방지와 항염증 활성을 나타낸다. 설포라판은 위염, 위궤양, 위암 발생과 관련이 있는 헬리코박터 파일로리Helicobacter pylori균을 억제한다. 설포라판은 브로콜리싹, 브로콜리, 방울다다기양배추brussels sprout, 꽃양배추, 양배추, 케일, 콜라비 등 십자화과채소에 많이 들어 있다 **그림 9-5**. 특히 브로콜리싹의 설포라판 함량은 브로콜리의 20배 정

그림 9-5 ▸▸ 설포라판을 함유한 십자화과채소

도이다.

4) 인돌/글루코시놀레이트

알리신allicin은 마늘, 양파의 조직이 파괴될 때 생성되는 매운맛 성분이다. 알리신은 항균과 항바이러스 활성이 우수하며, 산화 방지 활성을 나타낸다.

2. 식물의 색과 파이토케미컬

파이토케미컬은 식물의 색과 향을 결정하는 화학물질이면서 식물이 질병, 외부 환경에 대해 저항력을 나타내는 생리 활성 물질이다. 따라서 다양한 색과 향, 맛을 가지는 채소류, 과일류, 콩류는 각기 다른 파이토케미컬을 가지고 있다. 빨간색, 초록색, 노란색, 흰색, 보라색의 식물은 각각 함유되어 있는 파이토케미컬의 종류가 다르고, 그 생리 활성이 다르다 표 9-1. 그러므로, 빨간색, 초록색, 노란색, 흰색, 보라색의 식물(채소류, 과일류, 콩류)을 골고루 섭취하는 것이 건강 유지 및 증진에 도움이 된다.

표 9-1 ▸ 식물 색깔별 파이토케미컬과 생리 활성

식물의 색	파이토케미컬	급원식품	생리 활성
빨간색	라이코펜	토마토, 수박, 파프리카(적색), 핑크 자몽, 핑크 구아바	• 항산화작용 • 심혈관계 건강 • 암 예방
	엘라그산	라즈베리, 딸기, 블랙베리, 크랜베리, 석류, 호두	• 항산화작용 • 암 예방
초록색	설포라판, 인돌	브로콜리, 케일, 콜리플라워, 양배추, 겨자잎, 콜라비	• 세포 건강 • 암 예방
	베타카로텐	치커리, 시금치, 피망, 케일, 미나리, 셀러리 등 녹색 채소	• 항산화작용
	루테인	시금치, 쑥, 로메인 상추, 피망, 케일, 셀러리, 브로콜리	• 눈의 건강
	이소플라본	검은콩, 노란콩	• 식물성 에스트로겐(여성 호르몬)으로 작용 • 골다공증, 유방암, 자궁암, 전립선암 예방 • 혈압 저하, 심혈관 질환 예방
노란색	베타카로텐	당근, 단호박, 케일, 청경채, 미나리, 파프리카, 귤, 금귤, 살구, 망고	• 항산화작용 • 암 예방
	헤스페리딘	오렌지, 귤, 자몽, 유자, 레몬	• 심혈관계 건강
흰색	퀘세틴	양파, 사과	• 항산화작용 • 암 예방
	알리신	마늘, 양파	• 항균작용 • 해독작용
보라색	안토사이아닌	블루베리, 크랜베리, 라즈베리, 적포도, 가지, 자색 양배추, 검은콩	• 항산화작용 • 심혈관계 건강 • 시각 기능 향상
	레스베라트롤	적포도, 블루베리, 땅콩	• 항산화작용 • 심혈관계 건강 • 암 예방

출처: 한국영양학회, 2015

3. 건강기능식품

인구의 고령화와 고혈압, 당뇨병, 암 등 만성퇴행성 질환의 증가 등에 따라 건강에 대한 관심이 증가하고, 식품의 3차 기능인 생리 활성 기능에 초점을 맞춘 제품인 건강기능식품에 대한 요구가 늘고 있다.

건강기능식품은 '일상 식사에서 결핍되기 쉬운 영양소나 인체에 유용한 기능을 가진 원료나 성분(기능성 원료)을 사용하여 제조한 식품으로 건강을 유지하는 데 도움을 주는 식품'으로 정의된다. 식품의약품안전처는 동물실험, 인체적용시험 등 과학적 근거를 평가하여 기능성 원료를 인정하고 있으며, 이런 기능성 원료를 가지고 만든 제품이 '건강기능식품'이다. 우리나라에서는 2003년 「건강기능식품에 관한 법률」이 처음으로 제정, 공포되었다. 건강기능식품은 '건강기능식품에 관한 규정'에 따라 일정 절차를 거쳐 만들어지는 제품으로 '건강기능식품'이라는 문구 또는 인증마크 그림 9-6가 있다. 모든 건강기능식품에는 기능성 원료의 '기능성'이 표시되어 있다. 건강기능식품의 기능성은 의약품과 같이 질병의 직접적인 치료나 예방을 하는 것이 아니라 인체의 정상적 기능을 유지하거나 생리 기능 활성화를 통하여 건강을 유지하고 개선하는 것을 말한다.

건강기능식품
식품의약품안전처

그림 9-6 ▸▸ 건강기능식품 인증마크

건강한 사람은 건전한 식품을 골고루, 균형 있게, 적정량 섭취하면, 양호한 건강 상태를 유지할 수 있다. 그러므로 꼭 필요한 경우에만 적절한 건강기능식품을 선택하는 것이 현명하다.

1) 기능성 원료

기능성 원료는 고시된 원료와 개별인정원료로 나뉜다.

(1) 고시된 원료

고시된 원료는 식품의약품안전처에서 「건강기능식품공전」에 기준 및 규격을 고시하여 누구나 사용할 수 있는 고시된 원료이다. 영양소(비타민 및 무기질, 식이섬유 등) 등 95여 종의 원료가 등재되어 있다.

(2) 개별인정원료

개별인정원료는 「건강기능식품공전」에 등재되지 않은 원료로, 영업자가 원료의 안전성, 기능성, 기준 및 규격 등의 자료를 제출하여 식품의약품안전처의 평가를 통해 기능성 원료로 개별적으로 인증받은 원료이다. 개별인정원료는 심사를 거쳐 인정받은 업체만이 동원료를 제조 또는 판매할 수 있다. 현재까지 200여 종의 개별인정원료가 있다.

2) 기능성의 종류

건강기능식품의 기능성에는 영양소 기능, 질병 발생 위험 감소 기능 및 생리 활성 기능이 포함된다.

(1) 영양소 기능

영양소 기능에는 비타민 및 무기질, 단백질, 식이섬유, 필수지방산 등 28가지의 기능이 포함된다.

(2) 생리 활성 기능

생리 활성 기능은 인체의 구조 및 기능에 대하여 생리학적 작용 등과 같은 보건용도에 유용한 효과를 말한다. 기능성 원료의 생리 활성 기능은 장 건강, 혈당 조절, 관절/

표 9-2 ▸▸ 기능성 내용

번호	기능성 분야	번호	기능성 분야	번호	기능성 분야
1	기억력개선	2	혈행개선	3	간건강
4	체지방감소	5	갱년기여성 건강	6	혈당조절
7	눈건강	8	면역기능	9	관절/뼈 건강
10	전립선건강	11	피로개선	12	피부건강
13	콜레스테롤 개선	14	혈압조절	15	긴장완화
16	장건강	17	칼슘흡수 도움	18	요로건강
19	소화기능	20	항산화	21	혈중중성지방개선
22	인지능력	23	운동수행능력향상/지구력 향상	24	치아건강
25	배뇨기능 개선	26	면역과민반응에 의한 피부 상태 개선	27	갱년기 남성건강
28	월경 전 변화에 의한 불편한 상태 개선	29	정자 운동성 개선	30	유산균 증식을 통한 여성의 질 건강
31	어린이 키성장 개선				

출처: 식품의약품안전처 건강기능식품 https://www.foodsafetykorea.go.kr/portal/board/boardDetail.do

뼈 건강, 콜레스테롤 개선 등 31개의 기능성이 있으며, 기능성 내용은 표 9-2에 나타내었다.

(3) 질병 발생 위험 감소 기능

질병 발생 위험 감소 기능은 식품의 섭취가 질병의 발생 또는 건강 상태의 위험을 감소하는 기능이다. 칼슘, 비타민 D의 '골다공증 발생 위험 감소에 도움을 줌'과 자일리톨(개별인정원료)의 '충치 발생 위험 감소에 도움을 줌'의 두 가지 기능이 포함된다.

10 식품의 안전과 식중독

1. 식품안전관리 인증 기준
2. 유기식품
3. 유전자변형식품
4. 방사선 조사식품
5. 식중독

식품 섭취와 관련된 심각한 건강 위해를 방지하기 위해서는 식품의 취급, 조리, 가공, 유통, 저장 등 모든 과정에서 과학적이고 철저한 식품안전 전략과 실천이 필요하다. 식품은 사람끼리 질병을 옮기는 것은 물론 식중독을 일으킬 수 있는 미생물이 증식할 수 있는 배양체로 작용할 수 있다. 특히 저개발국가 등에서는 식수의 안전 확보만으로도 식중독 발생을 크게 줄일 수 있다. 식품안전관리 인증, 유기식품, 유전자변형식품, 방사선 조사식품, 미생물에 의한 식중독 등은 모두 식품안전과 직·간접적으로 관련되어 있다.

1. 식품안전관리 인증 기준

우리나라 「식품위생법」에서는 식품안전관리 인증 기준(해썹; Hazard Analysis and Critical Control Point, HACCP)을 식품의 원료 관리, 제조, 가공, 조리, 소분, 유통의 모든 과정에서 위해한 물질이 식품에 섞이거나 식품이 오염되는 것을 방지하기 위하여 각 과정의 위해요소를 확인, 평가하여 중점적으로 관리하는 기준으로 정의한다. 즉, 해썹은 인체 건강과 식품의 안전을 확보할 수 있는 중요한 단계 또는 공정(중요관리점Critical Control Point, CCP)에서 생물학적·화학적·물리적 위해요소들이 존재할 수 있는 상황을 과학적으로 분석하고(위해요소분석Hazard Analysis, HA), 위해요소가 잔존, 오염될 수 있는 원인들을 사전에 차단하여 안전하고 위생적인 식품을 공급하기 위한 사전 예방 식품안전 관리체계이다. 우리나라에서 식품안전관리 인증 기준 의무적용이 완료된 식품 품목은 2021년 기준 어묵류, 배추김치 등 8개 품목이며, 어육소시지, 과자, 캔디류 등은 매출액 또는 종업원 규모에 따라 단계적으로 의무화를 적용하고 있다 표 10-1.

표 10-1 ▸ 우리나라 HACCP 의무적용 현황

구분	대상품목
완료	• 비가열음료, 빙과류, 냉동수산식품(어류, 연체류, 조미가공품), 냉동식품(피자류, 만두류, 면류), 어묵류, 레토르트식품, 즉석조리식품(순대), 배추김치 • 도축업(소·돼지·닭·오리), 집유업, 유가공업, 알가공업, 식용란 선별포장업,
진행 중	• 어육소시지, 과자·캔디류, 음료류, 빵·떡류(떡볶이 포함), 초콜릿류, 국수·유탕면류, 특수용도식품, 즉석섭취식품 • 식육가공업, 식육포장처리업

2. 유기식품

유기식품organic food은 유기농산물과 유기가공식품을 포함하며, 화학 비료와 유기 합성 농약을 쓰지 않고 생산하는 유기농법으로 재배한 원료와 허용된 식품첨가물을 최소로 사용하며, 화학 약품에 의한 숙성, 조사irradiation는 물론 유전자변형 재료를 전혀 또는 거의 사용하지 않고 만든 식품이다. 가축의 경우에는 항생제, 성장호르몬을 사용하지 않고 건강한 사료로 키워야 한다. 우리나라와 미국의 유기식품 인증 표시는 그림 10-1과 같다.

가공식품의 경우 우리나라에서는 유기농수산물을 원료 또는 재료로 하여 제조, 가공, 유통되는 식품을 유기가공식품으로 규정하며 전문 인증기관이 엄격한 기준으로 선별하고 검사하여 안전성을 인증한다 표 10-2. 미국 농무성 기준에 의하면 '100%

그림 10-1 ▸▸ 우리나라와 미국의 유기농 인증 표시

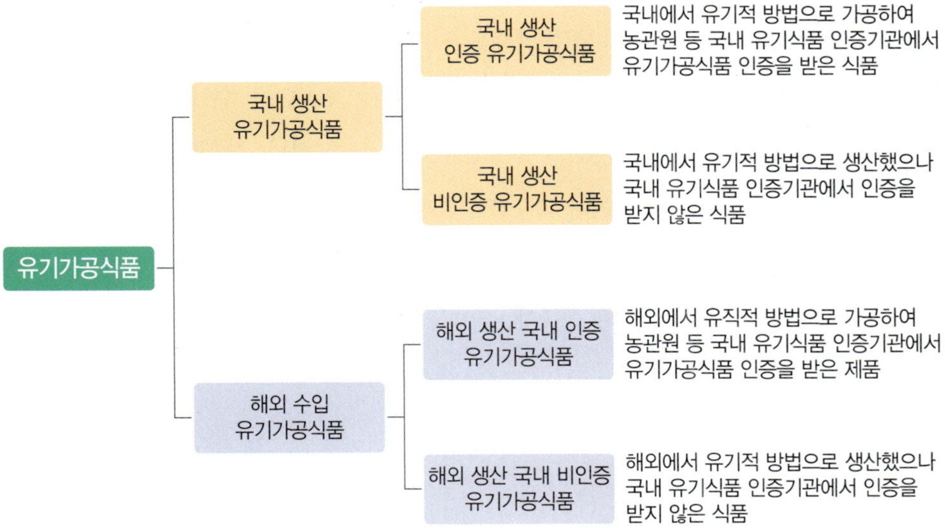

그림 10-2 ▸▸ 우리나라 유기가공식품 분류 체계

organic'은 모든 재료와 성분이 유기식품이어야 하며, 'organic'은 최소 95%의 재료와 성분이 유기식품, 'made with organic ingredients'은 70~94%가 유기식품임을 의미한다.

3. 유전자변형식품

유전자 변형 생물체genetically modified organism, GMO는 생물체의 유전자 중 유용한 유전자를 취하여 그 유전자를 갖고 있지 않은 생물체에 삽입하여 유용한 성질을 나타나게 한 것이다. 유전자변형식품이란 이와 같은 유전자 재조합기술을 활용하여 인위적으로 유전 형질을 변형시킨 농·축·수산물, 미생물과 이를 원료로 하여 제조, 가공한 식품으로 건강기능식품을 포함한다. 유채씨기름에 존재하는 에루스산erucic acid 함량을 대폭 줄여 만든 카놀라기름, 살충제·제초제 저항성이 강한 유전자를 주입하여 만든 옥수수, 감자, 무르지 않는 토마토, 영양가를 증가시킨 황금쌀은 유전자변형식품의 대표적인 예이다.

GMO는 인위적으로 유전자의 특성을 바꾼 농산물로 이제껏 우리가 전통적으로 먹어온 농산물과는 다르기 때문에 엄격한 기준에 근거한 안전성 평가 결과에 따라 사용이 승인된다. 우리나라 「식품위생법」에서는 유전자변형 농·수·축산물을 주요 원재료로 하여 제조, 가공한 식품이나 식품첨가물은 반드시 표시하도록 규정하고 있다. 우리나라에서는 GM 농산물의 재배가 금지되어 있으므로, GMO는 수입된 일부 농산물로부터 유래할 수 있으며, 판매시 반드시 GMO표시를 해야 한다. 그러나, 정제나 발효 과정을 통해 유전자변형 단백질이나 DNA가 남지 않는 유지류나 당류는 GMO 표시를 하지 않아도 된다. 우리나라의 유전자변형식품 표시대상 원료는 2021년 기준 콩, 옥수수, 면화, 카놀라, 사탕무, 알팔파 등 6개 농산물이다.

4. 방사선 조사식품

방사선 조사식품은 식품 내 세균, 곰팡이 등 유해 미생물과 해충을 죽이거나 발아를 억제하기 위해 감마선 또는 전자선 가속기에서 방출되는 에너지를 복사radiation 방식으로 쬐어 준 식품이다. 우리나라에서는 1987년 처음 상용화되어 2021년 물리적·화학적·영양학적 변화가 없는 품목에 제한하여 식품조사처리 기술을 허용하고 있으며, 품목에 따라 허용된 방사선량에 차이가 있고 최대 10킬로그레이(kGy)이다 표 10-2. 우리나라에서는 식품의 발아 억제, 살충, 살균 및 숙도 조절의 목적에 한하여 식품에 1회만 방사선 조사를 허용하고 있으며, 반드시 용기에 넣거나 포장하여 판매하여야 한

표 10-2 ▸▸ 방사선 조사식품

품목	조사 목적	선량(kGy)
감자, 양파, 마늘	발아 억제	0.15 이하
밤	살충·발아 억제	0.25 이하
버섯(건조 포함)	살충·숙도 조절	1 이하
난분, 전분 곡류(분말 포함), 콩류(분말 포함)	살균 살균·살충	5 이하 5 이하
가공식품 제조원료용 건조식육 어패류 분말 된장분말, 고추장분말, 간장분말 건조채소류 효모식품, 효소식품 조류식품 알로에분말 인삼(홍삼 포함) 제품류	살균	7 이하
건조향신료 및 이들 조제품 복합조미식품 소스류 침출차, 분말차 2차살균이 필요한 환자식	살균	10 이하

1킬로그레이는 어느 정도의 세기인가요?

그레이는 엑스(X)선이나 감마선의 전리 능력에 기초를 둔 방사선 양의 단위이다. 물질 1 kg이 1 줄(joule)의 에너지를 흡수할 때 해당하는 방사선의 양을 1그레이(Gy)라고 하며 1 kGy는 1,000 Gy이다.

다. 방사선 조사 처리된 원료를 사용한 식품은 원재료명에 괄호로 '방사선 조사'를 표시하고, 허용된 완제품에 조사한 경우는 조사 처리된 식품임을 나타내는 문구 및 조사 도안RADURA 그림 10-3을 표시하여야 한다.

그림 10-3 ▸▸ 식품의 조사 처리를 나타내는 도안(RADURA)

방사선 조사식품의 안전성과 관련하여 세계보건기구WHO, 유엔식량농업기구FAO, 국제원자력기구IAEA, 국제소비자연맹IOCU 등은 공동으로 10 kGy 이하로 방사선이 조사된 식품은 건강에 위해가 될 수 있을 정도의 변화가 없으며, 방사능도 검출되지 않았고 유전독성학적으로도 문제가 없는 것으로 결론지었다. 방사선 조사식품은 장기 저장이 가능하지만 10 kGy 이하의 방사선 조사로 모든 병원균이 사멸되지는 않으므로 식품안전을 위하여 적절한 방법으로 포장하여 유통, 저장해야 한다.

5. 식중독

우리나라 「식품위생법」은 식중독을 '식품 섭취로 인하여 인체에 유해한 미생물 또는 유독물질에 의하여 발생하였거나 발생한 것으로 판단되는 감염성 질환 또는 독소형 질환'으로 정의하고 있다. 특히 집단급식이 늘어나면서 식중독 중 미생물 식중독이 큰 비중을 차지하며 노로바이러스, 병원성 대장균, 살모넬라, 장염비브리오, 황색포도상구균, 클로스트리디움 퍼프린젠스, 캠필로박터가 대표적인 원인균이다. 식품안전에 대한 사회의 노력에도 불구하고 우리나라에서 미생물 식중독 발생건수는 증가 추세이다. 2016년부터 2020년까지 지난 5년간 미생물 식중독 가운데 총 발생건수는 노로바이러스 식중독(233건)과 병원성 대장균에 의한 식중독(203건)이, 살모넬라증(99건), 캠필로박터 제주니 식중독(64건), 장염비브리오 식중독(50건), 클로스트리디움 퍼프린젠스 식중독(47건), 바실러스세레우스 식중독(36건)이 뒤를 이었다. 그러나 같은 기간 총 환자수는 병원성 대장균에 의한 식중독(8,977명)이 가장 많았고, 살모넬라증(5,636명), 노로바이러스 식중독(4,821명), 캠필로박터 제주니 식중독(2,212명), 클로스트리디움 퍼프린젠스 식중독(1,655명), 장염비브리오 식중독(855명), 바실러스 세레우스 식중독(442명)이

뒤를 이었다. 일반적으로 세균성 식중독은 기온이 오르는 여름철에, 노로바이러스에 의한 식중독은 겨울에 발생건수가 높았다.

1) 노로바이러스에 의한 식중독

노로바이러스Norovirus는 주로 겨울철에 학교, 수련원, 요양원, 병원, 유람선, 호텔 등 제한된 공간과 지역에서 위장염을 발생시키며 전파 속도가 매우 빠르다 그림 10-4. 식품 중에서는 특히 조개류 등을 충분히 조리하지 않고 섭취한 경우에 노로바이러스 감염이 많았던 것으로 보고되었다. 식중독 증상으로는 구역질, 구토, 설사, 복통 등을 나타내며 대개는 충분한 수분과 영양을 공급함으로써 1~2일 지나면 자연 회복된다. 감염자의 대변 혹은 구토물에 있는 바이러스에 의해 오염된 물이나 음식을 먹거나 혹은 접촉하는 등 위생 상태 불량이 주된 원인이다. 따라서 노로바이러스에 의한 식중독을

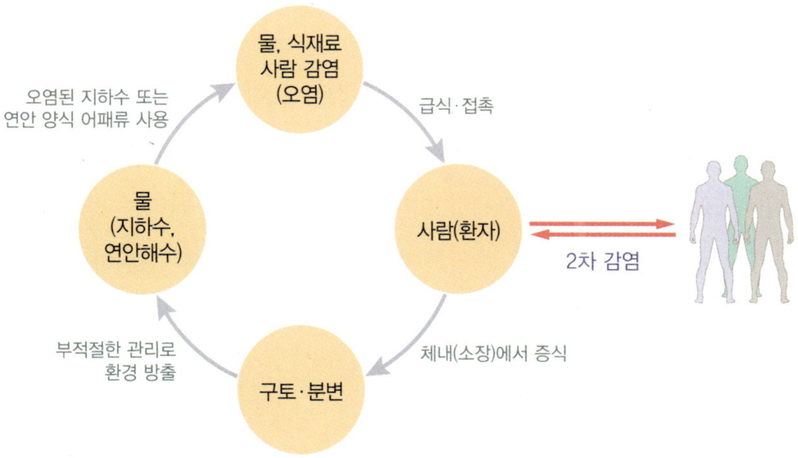

그림 10-4 ▸▸ 노로바이러스의 감염과 확산

> **바이러스는 어떠한 미생물인가요?**
>
> 바이러스는 생명력이 있는 숙주 세포 안에서만 자기 증식을 하는 비세포성 미생물로 핵 물질은 DNA 또는 RNA로 되어 있고, 단백질 외피로 둘러싸여 있다. 숙주에 따라 세균 바이러스, 식물 바이러스, 동물 바이러스로 나눈다. 병원체가 되기도 한다.

예방하기 위해서는 식품을 제조, 조리하는 사람의 개인위생과 식수의 철저한 관리가 필요하다.

2) 세균성 식중독

(1) 병원성 대장균에 의한 식중독

사람이나 동물의 큰 창자에는 대장균이 존재하며, 이 중 O157:H7 등 병원성 대장균은 창자 점막에서 심한 손상을 일으키거나 적혈구를 파괴하는 독소를 만들어 유아에게 전염성 설사증이나 성인에게 급성 출혈성 대장염을 일으킨다. 대장균 O157:H7 감염증은 제1군 전염병으로 지정되어 있다. 대장균 O157:H7은 오염된 식품과 물을 통하여 감염되며 사람끼리 전파되기도 하는데, 충분하게 가열 조리되지 않은 소고기, 살균하지 않은 생우유, 과일 샐러드, 요구르트 등이 원인식품으로 보고되었다. 설사, 복통이 주된 증상이며 가끔 구토를 동반하기도 한다. 특히 대장균 O157:H7 감염증의 일부 환자는 묽은 설사 외에 용혈성 요독증후군hemolytic Uremic syndrome, HUS 등 합병증이 나타나기도 한다. 따라서 개인과 환경 위생은 물론 식품의 경우 가열 조리, 살균을 철저히 하고, 특히 기온이 높은 여름에는 1시간 이상 냉장고 밖에 두지 않으며, 냉장 분쇄육과 고기 패티patty는 1~2일 이내에, 냉동 고기와 패티는 3~4개월 이내에 사용하고, 저장음식은 74~75℃로 가열하여 증기로 재가열한 후 섭취하여 사전에 예방하는 것이 필요하다. 또한 사람 사이에서 전파되므로 식중독이 확인된 식품의 취급자

제1군 전염병은 위험한 감염병인가요?

제1군 전염병은 전파속도가 빠르고 국민 건강에 미치는 위해 정도가 너무 커서 발생 또는 유행 즉시 방역대책을 수립하여야 하는 감염병이다.

용혈성 요독증후군은 어떤 증상을 나타내는지요?

용혈성 요독증후군은 급성으로 발생하는 용혈성 빈혈과 동반된 조각적혈구와 혈소판감소증, 급성신부전이 갑작스럽게 발생하는 질환으로 주로 소아에서 발생한다. O157:H7 대장균이 독소를 분비해 장을 통해 혈액으로 들어가 콩팥에 전달되어, 급성 콩팥 손상을 야기한다. 유사하게 뇌에 손상을 주면 경련과 혼수를 일으키며, 췌장에 손상을 주면, 췌장염과 경우에 따라 당뇨병을 일으킬 수 있다.

는 즉시 그 사실을 책임자에게 알리고 치료를 받는 등 1차 감염의 확대와 2차 감염을 방지해야 한다.

(2) 살모넬라증

살모넬라증Salmonellosis은 *Salmonella enteritidis, S. typhimurium* 등 살모넬라균에 의한 감염증으로 설사, 복통, 발열 등의 증상을 보인다. 살모넬라균은 동물 분변에 오염된 생고기나 닭 등 가금류를 섭취함으로써 사람에게 전염되며, 감염된 사람과 가열 조리하지 않고 바로 먹는 샐러드 등 식품과의 교차 감염에 의해서도 살모넬라증이 발생할 수 있다. 증상은 보통 4~7일 내에 자연적으로 사라지지만, 신생아 및 영아, 임신부, 노인, 암, 당뇨병, 신장 질환, 이식 환자 등 면역이 약한 사람에게는 치명적일 수도 있다.

(3) 장염비브리오 식중독

장염비브리오 식중독은 소금 성분을 좋아하는 세균인 비브리오*Vibrio*균에 의해 발생하며 복통과 묽은 설사, 구역질, 구토, 두통 등의 장염은 물론 심한 경우 치사율이 높은 패혈증을 유발한다. 비브리오균은 수온이 높은 바닷물에서 잘 증식하는 수생 세균으로 여름철에는 바닷물고기나 조개류를 날 것으로 먹는 것보다는 60℃에서 15분 이상 또는 100℃에서 5분 이상 끓여 먹는 것이 식중독을 예방하는 데 좋은 방법이다. 또한 물고기 표면이나 아가미 등을 소금물이 아닌 수돗물로 깨끗이 씻고, 어패류 조리에 사용한 칼, 도마 등은 깨끗한 물로 씻은 후 뜨거운 물로 소독하여 조리기구를 통한 2차 오염을 막는 것이 필요하다.

패혈증은 무엇인지요?

패혈증은 인체에 침입한 세균에 혈액이 감염됨으로써 나타나는 전신성 염증 반응 증후군을 의미하며 빠른 시간 내에 사망할 수 있다.

(4) 황색포도상구균에 의한 식중독

황색포도상구균 식중독은 황색포도상구균이 만든 독소에 오염된 식품을 섭취함으로써 메스꺼움, 구역질, 구토, 복통, 설사 등 증상을 나타내는 위장 질병이다. 세균에 비해 세균이 만들어낸 독소는 작용시간이 매우 빨라 섭취 후 보통 1~6시간에 증상이 나타나며 사람끼리는 전파되지 않는다. 황색포도상구균은 사람과 동물의 피부와 코 점막에서 흔히 발견되는 세균으로, 식품으로 교차 오염되어 식품 내에서 독소를 생성하지 않는다면 식중독을 발생시키지 않는다. 김밥, 도시락, 떡, 빵, 샌드위치, 푸딩, 슬라이스 고기 등 조리 후 재가열하지 않고 먹는 식품이 황색포도상구균 식중독의 위험이 높은 식품이다. 황색포도상구균 식중독을 예방하기 위해서는 깨끗이 손을 닦는 등 개인 위생과 코, 눈의 감염, 손에 상처 또는 피부 감염이 있을 경우 음식을 조리하지 않도록 조치하는 것이 좋다. 또한 저장한 음식을 섭취하기 위해 재가열할 때는 60℃ 이상에서 충분히 가열하여야 한다.

(5) 클로스트리디움 퍼프린젠스에 의한 식중독

클로스트리디움 퍼프린젠스*Clostridium perfringens*는 산소가 없거나 매우 적은 조건에서 잘 생장하는 세균으로, 클로스트리디움 퍼프린젠스가 오염된 식품을 섭취한 후 창자 내에서 생성된 독소에 의해 식중독이 발생하며 설사와 복통이 주된 증상이다. 클로스트리디움 퍼프린젠스 감염은 대량으로 준비된 음식, 특히 쇠고기, 가금육을 오랜 시간 따뜻하게 보관할 때 종종 발생한다. 클로스트리디움 퍼프린젠스 식중독을 예방하기 위해서는 원재료와 조리된 식품은 반드시 냉장 온도에서 보관하고, 냉장 저장한 음식을 재가열하여 섭취할 경우 최소 74℃ 이상에서 충분히 가열하여야 한다.

(6) 캠필로박터에 의한 식중독

캠필로박터*Camphylobacter*는 산소가 적은 환경을 좋아하는 저온 세균으로서, 캠필로박터 제주니*Camphylobacter jejuni*는 고양이, 개, 가금육, 소, 돼지, 설치류, 원숭이, 야생 조류와 사람의 창자에서 흔하게 발견된다. 따라서 캠필로박터증은 보통 살균되지 않은 생우유, 생고기 또는 덜 익은 고기를 섭취하여 발열, 복통, 설사 등의 증상을 나타내며, 심한 경우 수막염, 요도감염, 반응성 관절염 등의 합병증을 보이기도 한다. 때로는 세균에 오염된 식품이나 식수, 감염된 동물의 분변에 접촉하여 감염될 수 있다. 캠필로박터 세균 감염을 예방하기 위해서는 육류와 가금육을 충분히 가열하여 조리하고, 주방에서는 교차 오염을 방지해야 한다. 캠필로박터는 저온이나 냉동 상태에서도 장시간 생존할 수 있기 때문에 저온과 냉동 저장한 고기도 충분히 가열하여 섭취하는 것이 필요하다.

(7) 세균성 식중독 예방을 위한 안전한 식품 섭취법

미생물에 의한 식중독을 예방하는 안전한 식품의 섭취를 위해서 세계보건기구 World Health Organization, WHO가 제시하는 원칙은 다음과 같다.

- 손씻기 등 개인위생과 조리기구의 위생을 철저히 한다.
- 사람, 애완동물로부터 전파되는 병원균이 식품에 오염되는 것을 방지한다.
- 익힌 식품은 익히지 않은 생식품과 분리함으로써 교차 오염을 방지한다.
- 식품은 병원균이 사멸될 수 있는 적정 온도와 시간으로 완전히 조리한다 그림 10-5.
- 식품은 적절한 온도에서 저장한다.
- 안전한 식수와 원재료를 사용한다.

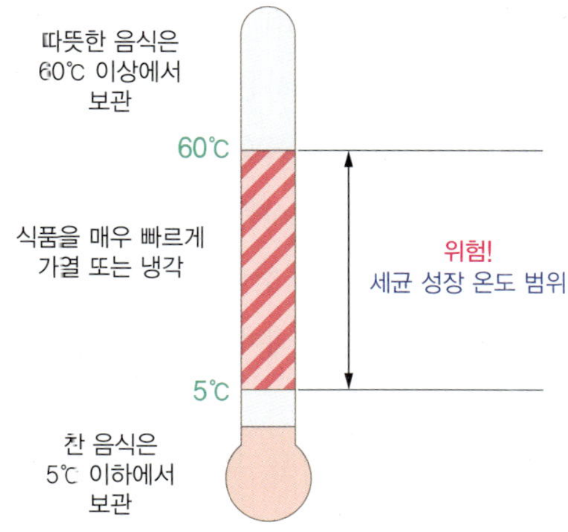

그림 10-5 ▸ 안전한 식품 섭취를 위한 적정 온도

3) 곰팡이 독소에 의한 식중독

곰팡이 독소는 그림 10-6에서 보는 바와 같이 주로 곡류 등 식물 식품 자원에서 곰팡이가 만들어 내는 2차 대사산물로서 사람과 가축에 질병이나 이상 생리작용을 유발하는 물질이다. 곰팡이 독소의 생성량은 온도, 습도, 수확시기 등 환경 요인에 의해 좌우된다.

그림 10-6 ▸▸ 땅콩과 옥수수에 번식한 곰팡이

식품에서 발견되는 곰팡이 독소 중 아플라톡신aflatoxin의 비중이 가장 크며, 이외에도 오크라톡신ochratoxin, 푸모니신fumonisin, 파툴린patulin, 제아렐라논zearelanone 등이 있다. 아플라톡신은 식물 식품 자원에 오염되는 누룩곰팡이속의 *Aspergillus flavus*, *Aspergillus parasiticus* 등이 생산하는 대사산물로 사람과 동물에서 여러 독성과 발암성을 나타내었다. 아플라톡신은 특히 간에 독성을 나타내어 황달, 발열, 복수(배에 물이 참) 등을 유발한다. 주요 오염 식품은 쌀, 옥수수, 견과류, 땅콩, 칠리고추, 무화과, 건조과실류와 향신료 등이며, 일부 한약재에서도 검출된 적이 있어 누룩곰팡이의 오염과 증식을 억제할 수 있는 포장방법이 권장된다. 우리나라 식품의약품안전처의 허용 기준은 10 ppb이다.

오크라톡신, 푸모니신, 제아렐라논은 곡물, 특히 옥수수에서 발견되는데 푸른곰팡이속*Penicillium* 또는 푸사리움속*Fusarium*에 속하는 곰팡이가 생산하며, 열에 강하여 일반 조리법에 의해서는 분해되지 않는다. 파툴린은 사과에서 가장 흔히 발견되며, 배, 포도 등의 상한 과일과 이들로 제조된 주스와 과일 가공품에서, 저온살균 등 낮은 온도에서 가열한 사과주스에서 검출된다. 그러나 발효한 사과주 등에서는 검출되지 않는다.

식품에 발생한 곰팡이로부터 초래되는 식중독을 방지하기 위해 식품의약품안전처는 다음과 같은 안전한 식품 관리 및 선택방법을 제시하였다.

- 곡류 등은 습도 60% 이하, 온도 10~15℃ 이하에서 온도 변화가 적은 곳에 공기와의 접촉을 피하도록 보관한다.
- 옥수수나 땅콩은 껍질을 벗긴 것보다는 껍질째로 보관하는 것이 안전하며, 껍질에 곰팡이가 핀 곡물은 빨리 분리, 제거한다.
- 해충이나 곰팡이의 증식과 전파가 빠른 부서진 곡류 알갱이는 빨리 분리해 낸다.
- 곰팡이 독소는 가열 조리에 강하므로 곰팡이가 생긴 식품은 구매하거나 먹지 않는다.
- 습기가 많은 주방은 보일러, 에어컨 등을 이용해 습기를 제거하고, 음식물 쓰레기통이나 개수대 등은 소독제 등을 이용해 주기적으로 소독한다.

11 면역과 식품 알레르기

1. 식품 알레르기와 식품 불내증
2. 알레르기 원인식품
3. 알레르기 증상
4. 식품알레르기 관리의 필요성
5. 알레르기 식품과 식생활지침
6. 식품 알레르기와 삶의 질

소비자의 식품안전에 대한 관심이 증가하면서 식품 자체에 함유된 물질에 의한 식품 알레르기food allergy, 아토피피부염atopy, 식품 불내증food intolerance 등에 관한 연구 및 조사가 활발하게 이루어지고 있다. 식품 알레르기란 어떤 식품에 대해 면역학적으로 일어나는 과민반응hypersensitivity reaction을 말하며, 특히 위장관이 미숙한 영유아 또는 어린이에게서 자주 나타나는데, 발생빈도를 보면 전체 인구의 0.3~0.7% 정도가 식품 알레르기가 있는 것으로 알려져 있다.

1. 식품 알레르기와 식품 불내증

특정 물질(항원antigen)이 체내에 들어오면 그것에 반응하는 항체antibody가 생성되어 같은 항원이 다시 들어오면 항원과 항체가 반응하는 증상이다. 즉, 특이적인 알레르기 항원에 접촉함으로써 생체에 불리한 면역 반응이 발생하는 과민 상태를 의미한다. 아토피피부염, 식품 알레르기, 약물 알레르기 등이 있다.

1) 식품 알레르기

(1) 식품 알레르기란?

식품 알레르기는 특정 식품에 면역글로불린 IgE가 생성되는 특정인에게만 발생하므로 개별적인 관리가 원칙이다. 식품 알레르기는 특정 식품 성분에 대한 면역 이상 반응으로 두드러기, 혈관 부종 등을 일으키며, 심각한 경우 전신 반응인 아나필락시스anaphylaxis 쇼크를 유발하여 생명을 위태롭게 할 수 있다. 영·유아는 6~8%, 성인은 1~2%가 경험하는 것으로 알려져 있다.

(2) 알레르기 발생 메커니즘

알레르기는 유전적 원인과 환경에 의해 발생하는 것으로 알려져 있다. 특히 최근에 증가되고 있는데 이를 유전적 요인으로만 설명하기 어렵기 때문에 환경 변화에 의하는 것도 고려하고 있다. 특히 알레르기 발생이 높은 항원에 노출 증가를 원인의 하나로 생각하고 있다.

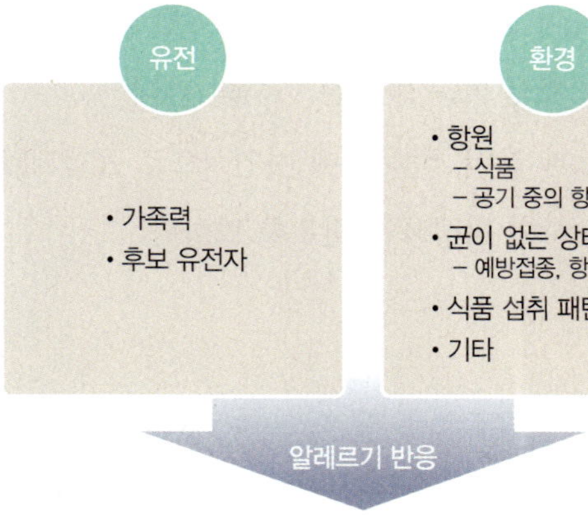

그림 11-1 ▸ 알레르기 발생 메커니즘

(3) 알레르기의 예방

식품 알레르기의 증명된 유일한 예방과 치료방법은 원인되는 식품 항원을 완전히 회피하는 방법이다. 제한식이를 정확히 시행하여 증상을 호전시키고 수년 내에 완해를 유도하기도 한다. 제한식품을 대체하기 위해 가공 처리로 알레르기 반응을 야기하는 에피토프epitope를 제거한 저알레르기성 식품 개발과 신체에서 일어나는 면역 반응을 조절하는 치료가 시도되고 있다.

2) 식품 불내증

식품 불내증은 식품 알레르기와 증상은 비슷하지만 효소enzyme나 운반transport의 결함 등에 기인하며 면역학적 메커니즘에 의하지 않는다. 대사성 식품 반응, 약리적 식

표 11-1 ▸ 우유 알레르기와 유당 불내증의 비교

	우유 알레르기	유당 불내증
정의	12개월 미만 영유아에게 가장 많이 발생하는 식품 알레르기	면역체계와 관련없이 유당이 소장에서 분해되지 않는 것이 원인
주요 증상	피부 발진, 두드러기, 기침, 천식, 복통, 구토, 호흡 곤란	복통, 가스, 설사 등의 소화기계 문제 피부나 호흡 곤란의 문제는 없음
해결방법	우유나 분유를 먹지 않는 것은 물론, 우유 단백질은 엄격히 제거한 음식 섭취	유당이 제거된 우유를 마시면 대체로 해결

품 반응, 식중독 및 식품 특이 반응 등이 포함된다. 유당 불내증lactose intolerance은 대사성 식품 반응이며, 약리학적 식품 반응은 커피의 카페인caffeine이나 오래 발효된 치즈에 있는 티라민tyramine과 같이 식품 내에 자연적으로 포함되었거나 첨가된 화학 물질이 약물과 같은 작용을 하여 발생하는 경우를 말한다.

2. 알레르기 원인식품

1) 알레르기 원인식품

알레르기를 일으키는 식품으로 50가지 이상 보고되었지만 우유, 달걀, 땅콩, 대두, 밀, 견과류, 새우나 게 등 갑각류, 조개류, 생선 등이 원인식품의 90% 이상을 차지한다.

미국에서는 연령에 따라 알레르기 원인식품이 차이를 보여 영유아 및 어린이의 경우 우유, 달걀, 땅콩, 대두, 밀이 90%를 차지하고, 청소년 및 성인은 땅콩 및 견과류, 생선, 조개류 등이 85%를 차지한다고 한다. 또한 국가나 지역에 따라서도 다른데 땅콩 알레르기는 미국인은 심하나 중국인은 큰 문제를 보이지 않는다.

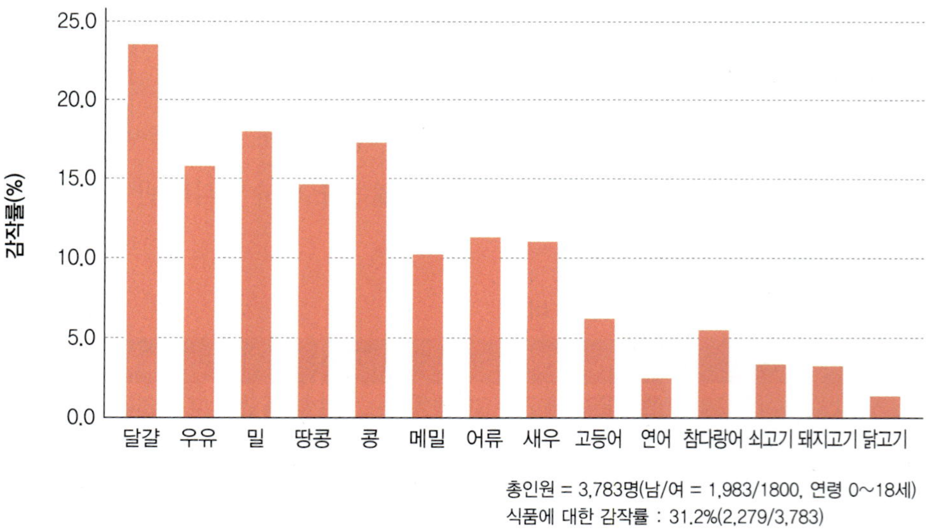

그림 11-2 ▸▸ 감작률에 근거한 아토피피부염 어린이들에게 흔한 식품 알레르기 원인식품
출처: 삼성서울병원 아토피환경보건센터

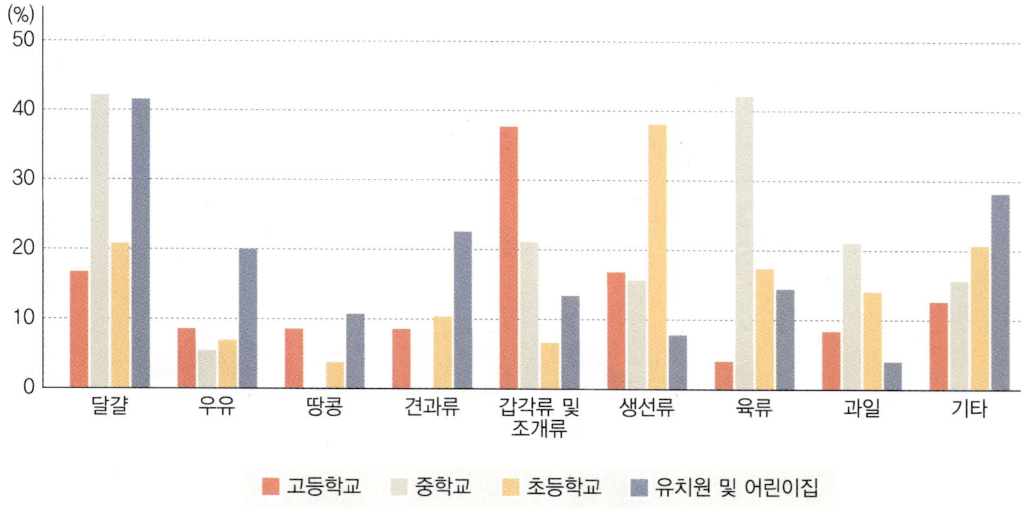

그림 11-3 ▸▸ 식품 알레르기 증상으로 보건실을 내원하게 한 원인식품
출처: 삼성서울병원 아토피환경보건센터

2) 국가별 알레르기 유발식품 표시제도

(1) 한국

가공식품의 알레르기 유발성분 표시는「식품위생법」 제10조(표시기준)에 근거한 '식품등의 표시기준'을, 축산물과 그 가공품은「축산물위생관리법」 제6조(축산물의 표시기준)에 의한 '축산물의 표시기준'에 준한다.

① 알레르기 유발 성분

2015년 3월까지 표시대상 알레르기 유발 성분은 알류(가금류에 한함), 우유, 메밀, 땅콩, 대두, 밀, 고등어, 게, 새우, 돼지고기, 복숭아, 토마토, 아황산염(인위적으로 첨가하여 SO_2로 10 mg/kg 이상인 경우) 등 13개 성분이었지만, 2016년에 호두, 닭고기, 조개류(굴, 전복, 홍합), 오징어, 쇠고기 등 5개 식품을 더 신설하여 18개의 식품이다.

② 알레르기 표시

가공식품의 경우 '재료명 표시'란 근처에 별도의 알레르기 표시 공간을 마련하여 알레르기 표시대상 원재료명을 표시(활자 크기는 14포인트 이상으로 개정)하도록 하였다. 불가피하게 혼입 가능성이 있다는 내용을 표시하도록 하였다(예로 "이 제품은 메밀을 사용

그림 11-4 ▸ 한국의 알레르기 표시대상 식품
출처: 식품의약품안전처

한 제품과 같은 제조 시설에서 제조하고 있습니다").

③ **학교급식안전관리**

2012년 4월 4일 교육과학기술부는 '학교급식안전관리대책'을 밝히며 2012년 2학기부터 비포장식품에 해당하는 학교급식의 알레르기 표시제도 의무화 방침을 발표하여 시행하고 있다(NEIS 급식시스템의 식단작성 프로그램에 알레르기 유발 성분 표시 기능을 신설).

(2) 미국

① **포장식품**

2004년 「식품알레르기 표시 및 소비자보호법Food Allergen Labeling and Consumer Protection Act」을 제정하고 2006년 1월 1일부터 식품알레르기 표시제도를 시행하고 있다.

갑각류, 어류, 알류, 땅콩, 견과류, 대두, 우유, 밀 및 이들로부터 유래한 단백질을 함유한 원료인 8가지를 표시대상 알레르기 유발 성분으로 규정하였다. 모든 포장식품packaged food에 적용되며, 알레르기 물질을 함유한 색소, 향료 및 첨가물을 포함한 원료를 함유한 모든 제품에 표시하도록 하고 있어 식품첨가물도 표시대상이다.

② 비포장식품에 적용

2010년 2월, 미국 메사추세츠Massachusetts 주에서 주법(州法)을 개정하여 24,000개에 달하는 주(州) 내 음식점에서 판매하고 있는 비포장식품non-packed food에 알레르기 유발 성분 표시를 의무화하였다. 또한 소비자 및 관련 단체의 요구에 따라 대부분의 대형 패스트푸드점, 패밀리 레스토랑, 항공사에서 제공하는 비포장식품에 대해서도 자발적으로 표시voluntary labeling를 실시하고 있다.

(3) 유럽

① 포장식품

유럽연합EU는 식품표시food labeling 규정 「Commission Directive 2000/13/EC」의 수정안인 「Directive 2003/89」를 발표, 알레르기 물질을 포함하는 식품에 대한 표시를 의무화하여 2005년 11월 25일부터 실시하고 있다.

유럽연합의 알레르기 표시대상 원료 성분은 갑각류, 어류, 알류, 땅콩, 견과류, 대두, 우유, 글루텐 함유 곡물, 밀, 참깨, 겨자, 아황산염(SO_2로 10 mg/kg 이상인 경우), 연체동물, 루피너스lupine 등이다. 알레르기 유발물질은 식품, 원재료, 과민성 유발물질들을 모두 포함하며, 원재료에서 유래된 성분이 혼입된 경우에도 사용된 특정 원재료 등을 판별할 수 있도록 표시해야 한다.

② 비포장식품에 적용

2008년에는 유럽연합 보건소비자보호총국Directorate General for Health and Consumer Protection, DG SANCO에서 「신식품 표시법New Food labeling Regulation」을 발의하였고, 유럽의회의 의결을 거쳐 2011년 10월 공포(Regulation No 1169/2011)되었다. 이 규정에서는 포장식품 대해서만 알레르기 유발 성분 표시를 의무화하던 기존 정책을 강화하여 소매점이나 패스트푸드점, 패밀리 레스토랑 등과 같은 케이터링catering 업체에서 판매하는 비포장식품에 대해서도 소비자의 알권리 보장 차원에서 알레르기 유발 성분 표시를 의무화하도록 규정하고 있다.

표 11-2 ▸ 세계 각 국가에서 알레르기 유발식품 표시 대상식품

국가	Codex	일본	EU	영국	미국	캐나다	호주/뉴질랜드	홍콩	한국
달걀	★	★	★	★	★	★	★	★	★
우유	★	★	★	★	★	★	★	★	★
글루텐	★	★(밀)	★	★	★	★(밀)	★	★	★(밀)
땅콩	★	★	★	★	★	★	★	★	★
메밀		★							★
갑각류	★	★(새우) ★(게)	★	★	★	★	★	★	★(새우) ★(게) ★조개 ★굴 ★전복 ★홍합
어류	★	▲(연어알젓, 연어, 고등어)	★	★	★	★	★	★	★(고등어, 오징어)
대두	★	▲	★	★	★	★	★	★	★
넛츠류	★	▲(호두, 캐슈넛)	★	★	★	★	★	★	★(호두)
과일		▲(오렌지, 키위, 바나나, 사과, 복숭아)						★(복숭아, ★키위)	
육류		▲(쇠고기, 돼지고기, 닭고기)							★(돼지고기, 닭고기, 쇠고기)
기타		▲(전복, 오징어, 참마, 송이버섯, 젤라틴, 참깨)	★(참깨) ★(셀러리) ★(머스타드) ★(루핀) ★(연체류)	★(참깨) ★(셀러리) ★(머스타드) ★(루핀) ★(연체류)		★(참깨) ★(머스타드) ★(조개류)	★(참깨)		★(토마토)
아황산염 (≥10 mg/kg)	★		★	★		★	★	★	★(아황산류)
품목수	9품목	7품목(의무) 20품목(권장)	14품목	14품목	8품목	12품목	10품목	9품목	13품목 5품목 추가

(4) 일본

2001년 4월 1일에 알레르기 물질을 포함하는 '식품 표시의 의무화 및 표시의 장려'가 실시되었다. 2008년 6월 3일에는 「식품위생법」 시행규칙 개정, 특정 원재료에 새우와 게를 추가하여 2010년 6월 4일부터 시행되었다.

반드시 표시하여야 하는 원재료는 새우, 게, 밀, 메밀, 식용조류 알, 우유, 땅콩 등 7개 품목이고, 전복, 오징어, 연어알, 오렌지, 키위, 소고기, 호두, 연어, 고등어, 대두, 닭고기, 돼지고기, 송이버섯, 복숭아, 참마, 사과, 젤라틴, 바나나 등 18개 품목은 가능한 표시할 것을 권장하고 있다.

오염 가능성이 배제되지 않은 경우에는 "이 제품은 밀가루를 사용한 제품과 같은 라인에서 제조하고 있습니다." 등과 같은 '주의 환기' 표시를 권장하고 있다.

3. 알레르기 증상

1) 면역 체계

(1) 알레르기 반응

모든 생물체는 자신self과 남non-self을 구별하는 독특한 기능을 갖추고 있는데, 남에 해당되는 것 중 해가 되지 않는 것에 대해서는 관용 반응tolerance을 보이고 해가 되는 것에 대해서는 면역 반응immunity을 보임으로써 외부 환경에 대해 자신을 적응하고 보호하며 살고 있다. 해가 되지 않는 물질에 대해 면역체계가 작동하고, 이로 인해 나타난 면역 반응에 의해 우리 세포의 손상이 초래되는 경우가 있는데 이를 알레르기 allergy or hypersensitivity라고 한다 **그림 11-5**.

알레르기는 항체 IgE 생성에 관여하는 Th2 type의 면역이 비정상적으로 활성화된 상태로 해롭지 않은 남에 대해 항원으로 인식, 특이 항체(IgE)가 형성되어 항원이 체내로 들어올 때마다 증상이 재발하고 만성화되는 독특한 임상 양상을 가지는 질환이다.

IgE는 항원allergen을 비만세포mast cell로 운반하여 히스타민과 화학물질을 분비하여 모세혈관을 확장시켜 부종과 가려움을 동반한다.

그림 11-5 ▸▸ 정상적인 면역 반응과 알레르기 반응

(2) 신체 부위에 따른 알레르기 증상

두드러기나 아토피피부염 같은 피부 부종은 피부가 부풀어 오르고 심한 가려움이 동반되며, 코의 부종은 코가 막히고 가려움으로 인한 재채기가 동반된다. 기관지 점막에 부종이 생기면 기도가 좁아질 뿐 아니라 가려워 기침을 하게 된다.

위장관의 부종은 원활한 장운동을 저해하여 복통을 호소하거나 설사를 동반하기도 한다. 분비선이 자극되면 콧물이 쏟아지고 가래가 많이 나오며, 기관지를 싸고 있는 근육이 수축하면 호흡 곤란이 동반되고, 위장관을 둘러싼 근육이 수축하면 구토 증상이

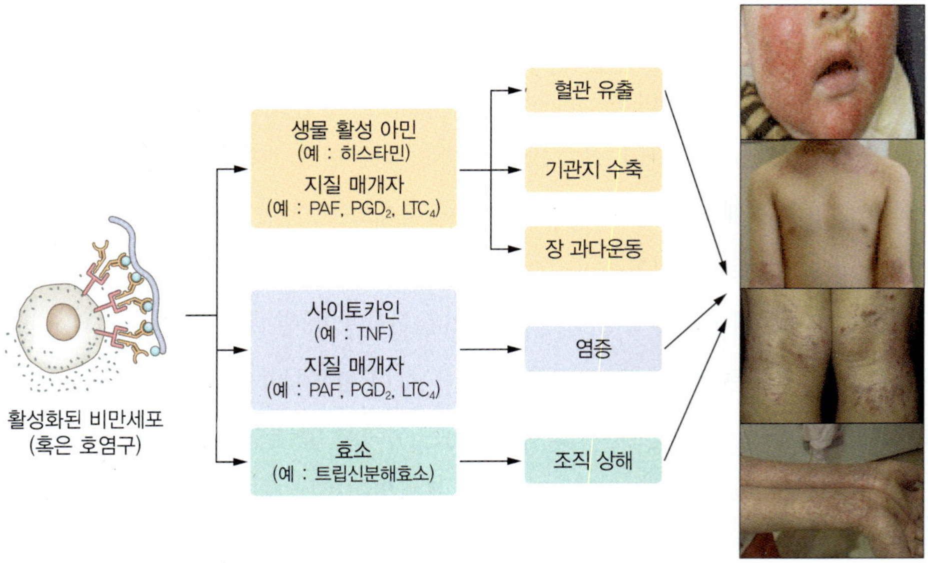

그림 11-6 ▸▸ 신체 부위에 따른 알레르기 증상

나타난다.

(3) 알레르기 증상에 따른 분류

표적기관에 따라 두드러기 또는 아토피 피부염과 같은 피부 질환, 기관지 천식, 비염과 같은 호흡기 질환, 설사, 구토 같은 위장관 질환, 아나필락시스 쇼크와 같은 전신적인 반응으로 나뉜다. 특이 항체(IgE) 관련하여 IgE 매개IgE-mediated, IgE 무관Non IgE-mediated인 경우와 혼합형으로 나뉜다. 항원 반응 후 반응 시기에 따라 급성과 만성으로 구분한다.

이러한 알레르기 증상을 정리하면 표 11-3과 같다.

표 11-3 ▸ 표적기관에 따른 알레르기 증상

표적기관	IgE 매개	IgE 무관	급성형	만성형
피부(cutaneous)				
두드러기(urticaria)	+		+	+
아토피피부염(atopic dermatitis)	+	+	+	+
혈관 부종(angioedema)	+		+	
호흡기(respiratory)				
천식(asthma)	+		+	+
부종(rhinitis)	+		+	+
위장관(gastrointestinal)				
구토(vomit)	+	+	+	+
설사 (diarrhea)	+	+	+	+
복통(pain)	+	+	+	+
전신 증상(generalized system)				
아나필락시스(anaphylaxis)	+		+	

2) 알레르기 발생 메커니즘

(1) 알레르기 발생 요인

알레르기는 Th1(T림프구 중 T helper 세포 중 1 type)과 Th2(2 type T helper 세포)의 균형이 Th2로 치우쳐서 나타난 것으로, 환경 변화가 Th2 면역을 증가시키고 Th1을 감소

BOX 1

아나필락시스, 생명을 위협하는 과민 반응

다음 증상 중 하나라도 나타나면 응급조치가 필요하다.

1. 피부가 전신적으로 붉어지거나 두드러기가 생긴다.
2. 숨이 차고 쌕쌕거린다.
3. 코가 붓는다.
4. 목이 붓고 조이는 느낌이 든다.
5. 말하기 힘들고 목소리가 잠긴다.
6. 쌕쌕거리거나 기침을 계속한다.
7. 계속 어지럽거나 의식이 없다.
8. 창백해지거나 늘어진다.
9. 위의 증상과 함께 배가 아프거나 구토를 한다.

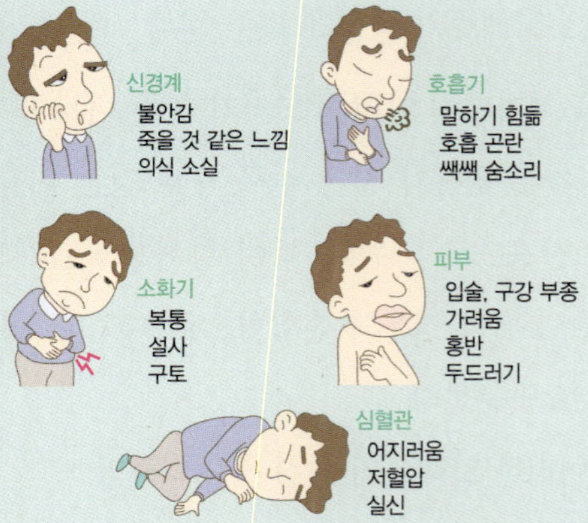

시킨다는 것이다. 알레르기를 증가시키는 환경 요인으로는 알레르기 발생이 높은 항원에 대한 노출 증가, 깨끗한 환경과 예방접종 등으로 인해 Th1 반응 위축의 위생가설, 비타민 D, 산화 방지 영양소 등의 영양가설 등이 있다.

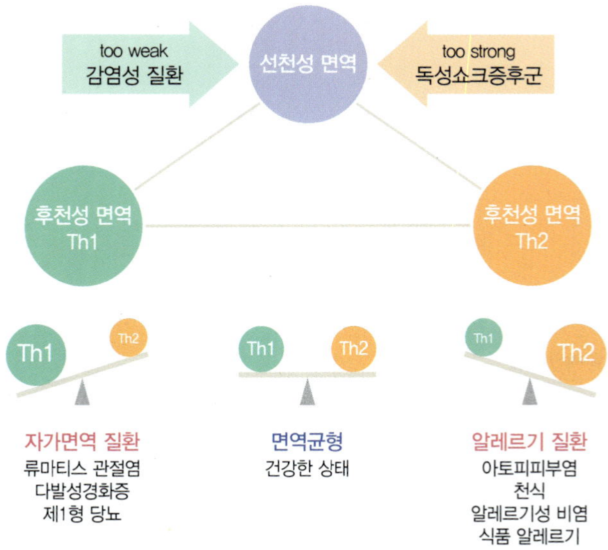

그림 11-7 ▸ 알레르기와 Th1과 Th2의 상호관계

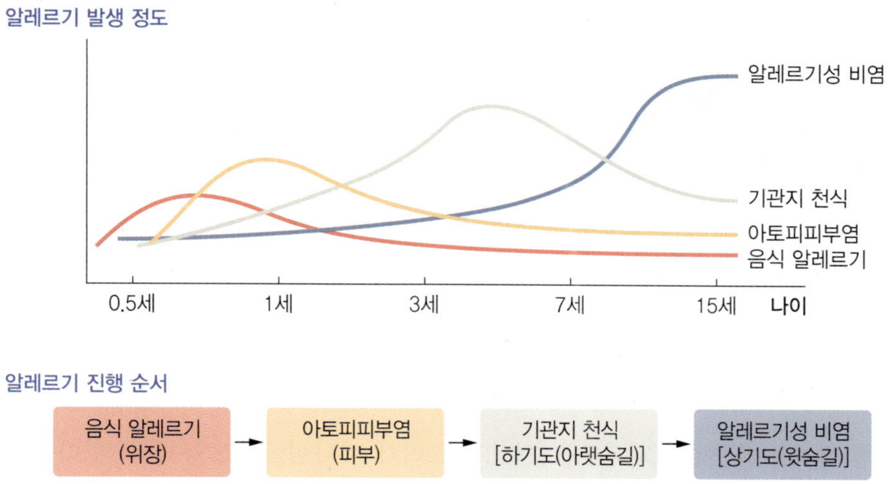

그림 11-8 ▸▸ 알레르기 행진

(2) 알레르기 행진

알레르기 증상은 전 연령에서 고른 발병률을 보이는 것이 아니라 연령에 따라 다른 분포를 보인다. 소위 '알레르기 행진'이라고 하여 어릴 때는 아토피피부염으로 증상이 나타나다가 천식이나 비염 같은 호흡기 질환으로 진행하는 경우가 많다.

(3) 알레르기 발생 현황

2005년 대한소아알레르기호흡기학회가 서울지역 초등학교 8,378명을 대상으로 식품 알레르기 유병률을 조사한 결과, 약 6.2%로 10년 전인 1995년(약 4.6%)에 비해 큰 폭으로 증가(약 1.3배)하는 추세를 보이고 있었다.

미국 FAANFood Allergy and Anaphylaxis Network에서는 매년 약 3만여 명이 식품 알레르기로 병원 응급실을 내원하며, 이 중 약 150~200명이 사망하는 것으로 보고되었다.

식품 알레르기는 통상 출생 후 1~2년 내에 발병하며, 생후 1세 무렵에는 약 5~8%, 성인은 약 2%의 유병률이 나타난다.

유럽의 식품 알레르기의 유병률은 약 11%이며, 5세 이상의 학령기 아동은 5~10%의 발병률을 보인다.

4. 식품 알레르기 관리의 필요성

1) 어린이 발병률이 높음

식품 알레르기는 소아에게 흔한 질환으로 점차 식품 알레르기 발생이 증가하고 있는 것으로 보고되며, 우리나라에서는 초등학생의 경우 1995년에 4.6%에서 2000년 5.2%로, 중학생은 1995년 4.5%에서 2000년 5.4%로 약간 증가된 것으로 보고되었다.

2) 급성 반응은 생명 위험

식품 알레르기는 아토피피부염, 천식, 두드러기, 아나필락시스 등과 같이 다양한 알레르기 증상을 유발시킬 수 있다. 소아의 경우 식품이 아나필락시스를 일으키는 가장 중요한 원인이며, 아나필락시스로 인한 사망이 증가하고 있다.

3) 아토피피부염의 주요 원인, 영양불량 위험이 높음

아토피피부염은 어린이에게서 높은 비율로 나타나는 만성질환이고, 가려움이 매우 심하여 아이와 가족의 삶의 질을 저하시킨다. 식품과의 연관성이 높다(30~80%).

우리나라에서 출생하는 영아의 20% 이상이 아토피피부염 발생, 피해가 증가하고 있으며, 알레르기성 질환으로 인한 사회경제적 비용이 증가하고 있다.

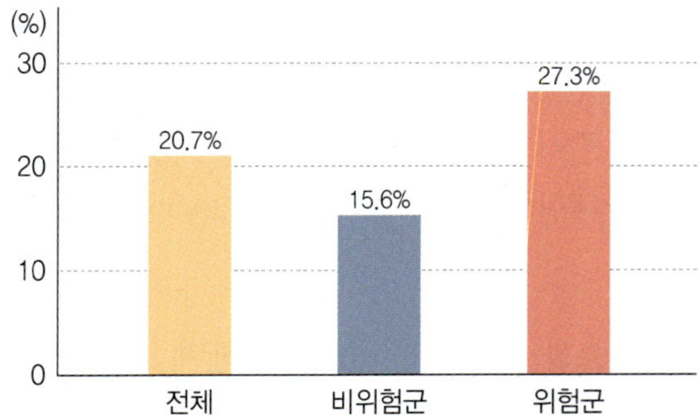

위험군 : 알레르기 가족력이 있는 가정에서 태어난 아이들
비위험군 : 알레르기 가족력이 없는 가정에서 태어난 아이들

그림 11-9 ▸▸ 생후 8개월 영아의 아토피피부염의 발생률

4) 식품 관리를 통한 알레르기 예방이 가장 효율적임

조기 관리와 식품 조절을 통한 예방이 효과적이다. 아토피 피부염이 천식이나 비염으로 발전하는 것을 예방할 수 있다. 식품으로 인한 아나필락시스의 경우 사고를 예견할 수 있으므로 알레르기 원인식품과 증상을 파악한다면 식품 알레르기로 인한 사고를 충분히 예방할 수 있다.

5) 개인별, 연령별, 증상별로 식품 관리

영·유아기에는 달걀, 우유, 대두 등이 주요 원인식품이나 연령이 증가함에 따라 달걀이나 우유는 자연적으로 소실되고 새우, 게, 생선 등에 의한 발생률이 증가한다. 주요 원인식품은 개인에 따라 다르게 나타날 수 있어 개별적인 식품별, 연령별에 따른 다양한 관리방안이 마련되어야 하며, 증상에 따른 대처방법도 달라야 한다.

표 11-4 ▸ 연령별 주의해야 할 주요 알레르기 식품

영아기	유아기	아동기	청소년기
만 0~24개월	25개월~5세	만 6세~11세(초등학생)	만 12~17세(중고생)
달걀 우유 땅콩 대두 밀	달걀 우유 땅콩 대두 견과류 밀	갑각류 생선 땅콩 견과류 달걀 우유 밀	갑각류 생선 땅콩 견과류 달걀 우유 밀

5. 알레르기 식품과 식생활지침

1) 달걀

달걀은 다른 식품으로 대체하는 것이 가능해 영양적인 문제는 적으나 달걀이 사용되는 과자나 케이크 등 기호식품을 대체할 수 있는 식품을 찾는 것이 어렵다. 달걀흰자가 항원으로 반응하는 경우가 많다.

2) 우유

우유 제한 시 칼슘 섭취 부족이 문제가 될 수 있다. 유제품은 알레르기 표시의 대체 표기 등이 복잡하므로 표기를 알기 쉽게 설명한다. 유당 불내증도 알레르기와 증상이 유사하며 둘 다 우유 섭취를 제한하는 것이 바람직하다. 가열이나 발효로 우유의 항원성을 저감시키는 것은 어렵다.

3) 밀가루

셀리악병이 포함되며, 2002년에 밀가루 글루텐이 원인인 것이 밝혀졌다. 밀과 밀가루를 주식으로 하는 나라의 경우 약 1%의 인구가 증상을 갖고 있어 글루텐 프리 식품의 개발이 활발하다. 글루텐이 20 ppm 이하로 들어 있는 식품에 대해 '글루텐 프리'라는 표시를 할 수 있다. 식품표시를 확인하고 구입하는 것이 바람직하다.

4) 대두

우리나라에서는 대두 이용 식품을 많이 섭취하는 데 단백질이 원인이므로 대두유를 제한할 필요는 없다. 간장은 발효에 의해 단백질이 아미노산으로 분해되어 항원성이 매우 낮아진 상태이나 된장의 경우 아미노산뿐만 아니라 단백질도 함유되어 있어 섭취 시 주의해야 한다.

5) 생선

생선을 제한하면 비타민 D의 섭취 부족이 되기 쉬워 비타민 D를 함유한 식품(말린 표고버섯, 목이버섯 등)의 이용을 늘린다. 생선의 종류는 지역, 국가마다 다르므로 식품 맞춤형 관리가 필요하다.

6) 고기

육류는 알레르기 원인인 경우가 많지 않다. 고기를 제한할 경우에는 반드시 정확한 진단에 근거해야 한다. 고기를 전부 제한하는 경우에는 철 섭취량이나 철 흡수 저하에 따른 빈혈의 예방을 고려하고, 철을 많이 함유하는 식품의 이용을 추천한다.

7) 과일, 채소

과일이나 채소로 얻을 수 있는 필요한 영양소인 비타민, 무기질, 미량원소, 식이섬유 등을 섭취할 수 있도록 한다. 가열에 따라 항원성이 사라지는 경우가 많으므로 생채소나 생과일에만 반응하는지를 확인한다.

8) 땅콩

땅콩은 매우 소량에도 반응하고 증상이 심각한 경우가 많으므로, 급식에서 부재료로 사용되거나 초콜릿 등의 과자류에 들어 있는 것을 모르고 먹는 일이 없도록 주의한다. 견과류와 교차 반응이 있으므로 땅콩 알레르기가 있는 경우 견과류에 대한 반응을 확인한다.

9) 메밀

메밀은 간혹 밀로 표기되어 공급되는 경우가 있어 학교에서 사고가 종종 나는 식품이다. 메밀국수를 삶은 물에 우동을 삶는 것을 피하고, 혼입contamination에 주의한다.

10) 기타

자연식품이 원료가 아닌 식품첨가물이나 정제유지(예: 대두기름, 참기름 등), 당류는 일반적으로 음식물 알레르기의 원인이 되지 않는다.

채소나 고기 등의 떫은맛, 쓴맛에는 가성 항원이라고 불리는 약리 활성 물질(히스타민 등)을 포함하는 것도 있다. 이 때문에 음식물 알레르기 환자에게 쓴맛, 떫은맛이 강한 식품 전반을 제거할 필요는 없다. 일반적인 조리과정에서도 가성 항원을 줄일 수 있다.

6. 식품 알레르기와 삶의 질

식품 알레르기는 삶의 질에 부정적인 영향을 미칠 수 있다. 우리나라의 경우 무엇보다 함께 음식을 나누는 행위가 식문화 및 정서로 받아들여지고 있기 때문에 같은 음식을 공유하지 못하는 아동들은 그들의 자율적인 사회성 발달에 심각한 영향을 받을 수 있다.

이를 중재하는 효과적인 방법으로는 식품 알레르기에 대하여 좀 더 많은 사람이 이해하도록 하고, 특히 아동이 포함된 집단에 대한 교육이 필요하다.

아토피피부염의 중증도와 삶의 질 변화에 대해 조사한 결과 가족의 삶의 질 향상을 위해서는 아토피피부염의 증상과 식품 알레르기와 같은 동반된 악화 인자를 발견하여 적극적으로 관리하는 것이 필요하다.

환자 개인은 신체적인 고통, 자신감 결여, 사회적 소외, 불안감이나 우울감 등 정신적 스트레스에 의해 삶의 질이 저하되었으며, 보호자는 정신적 고통, 환자 돌봄과 추가적인 집안일로 인한 육체적 피로 때문에 가족에게 스트레스로 작용하여 삶의 질이 저하됨을 확인할 수 있었다.

12 체중 조절

1. 건강체중, 비만, 체중 부족
2. 체중 조절의 원리
3. 체중 조절 식사의 부작용

개인의 건강을 위하여 건강체중을 유지하는 것은 매우 중요하므로 과체중이나 비만인 경우에는 체중을 감량하고, 저체중인 경우에는 체중을 증가시키는 것이 필요하다. 비만인 경우에 생활습관을 수정하지 않고 과다한 체중을 그대로 유지하면 만성퇴행성 질환의 발생을 높여 건강이 악화된다. 반면에 정상체중이나 저체중인 사람이 무분별하게 체중 감량을 시도하는 경우에 건강상 문제를 일으키기도 한다. 그러므로 건강체중의 중요성과 체형에 대한 올바른 인식을 가지고 균형 잡힌 식생활을 하는 것이 중요하다.

1. 건강체중, 비만, 체중 부족

1) 건강체중

건강체중은 자신의 성별과 신장에 대해 만성질환에 의한 사망률이 가장 낮을 때의 체중을 말한다. 건강체중을 가지려면 신장에 대한 체중의 비율인 체질량지수body mass index, BMI와 체지방률이 적절하도록 유지하는 것이 필요하다.

한국인의 건강체중 기준은 성인의 경우 체질량지수가 18.5~23에 속하며, 체지방률이 남자 15~18%, 여자 20~25%의 범위 내 있을 때이다 표 12-1. 한편, 근육이 많아서 체중이 높아 체질량지수가 과체중 이상에 해당되더라도 체지방률이 정상 범위인 경우에는 건강체중이라고 할 수 있다.

건강체중 계산법

체질량 지수(BMI)에 의한 건강체중
남자 건강체중(kg) : 신장(m) × 신장(m) × 22
여자 건강체중(kg) : 신장(m) × 신장(m) × 21

브로카(Broca)법에 의한 건강체중
건강체중(kg) = {키(cm) - 100} × 0.9 (키가 160 cm 이상인 경우)

표 12-1 ▸ 한국인의 비만 판정 기준

지표	체질량지수 (BMI)*	건강체중비**	체지방률	
			남자	여자
저체중	< 18.5	< 90%	-	-
건강체중	18.5~23 미만	90~110% 미만	15~19% 미만	20~26% 미만
과체중	23~25 미만	110~120% 미만	19~25% 미만	26~30% 미만
비만	≥ 25	≥ 120%	≥ 25%	≥ 30%

* 체질량지수(boby mass index: BMI) = 체중(kg) ÷ 신장(m)^2
** 건강체중비(%) = (현재 체중 ÷ 건강체중) × 100

2) 비만

비만obesity은 단순히 체중이 많이 나가는 것이 아니라 체지방이 과다한 경우를 말한다. 평소 섭취하는 에너지가 소비하는 에너지에 비해 많으면, 남은 에너지가 체지방으로 전환되어 체내에 과다하게 축적되어 비만이 된다. 그러므로 운동선수처럼 근육의 발달로 체중이 많이 나가는 것은 비만이라 하지 않고 과체중overweight이라고 한다. 비만은 체지방률이 남자는 체중의 25% 이상, 여자는 30% 이상일 때로 정의하지만 체질량지수가 25 이상인 경우도 비만의 위험이 있다.

체지방률 측정에는 전기저항측정법을 가장 많이 이용하고 있다 그림 12-1. 전기저항측정법은 미세한 전류를 손과 발을 통하여 전신에 흘려 준 다음에 되돌아오는 전기저항을 측정하는 것이다. 지방조직은 근육조직에 비해 수분 함량이 적고 전해질 농도가 낮아 전기의 흐름을 방해하는 성질이 있어, 체지방이 많은 사람일수록 전류가 흐르기 어려워 전기저항이 크다는 원리를 이용한 것이다.

그림 12-1 ▸ 전기저항측정법에 의한 체지방률 측정기

또한 체내 지방의 분포 양상에 따라 건강에 미치는 영향이 다르므로, 비만의 형태를 상체 비만(복부비만, 남성형 비만)과 하체 비만(말초비만, 여성형 비만)으로 구분한다. 상체 비만 중에서 복부에 지방이 과다하게 축적된 경우를 복부비만이라고 한다. 허리둘레를 측정하여 남자의 경우 90 cm 이상, 여자의 경우 85 cm 이상을 복부비만이라 하는데, 수치가 높을수록 복부비만의 정도가 심한 것이다. 연령 증가, 과식, 운동 부족 등이 복부비만을

유발하며, 하체비만이나 단순 상체비만에 비해 당뇨병이나 동맥경화 등의 만성퇴행성 질환을 초래할 가능성이 크다. 남자가 여자보다 복부 비만인 경우가 많아 복부 비만을 남성형 비만이라고도 한다. 하체비만은 엉덩이나 허벅지 등에 지방이 많이 쌓인 형태로 여자에게 많이 나타나는 여성형 비만이다. 하체비만은 복부비만에 비해 비교적 건강에 덜 해롭다고 알려져 있으나, 비만인 사람이 다이어트를 반복하면 체지방의 분포 형태가 변화하여 복부비만이 될 가능성이 높아진다.

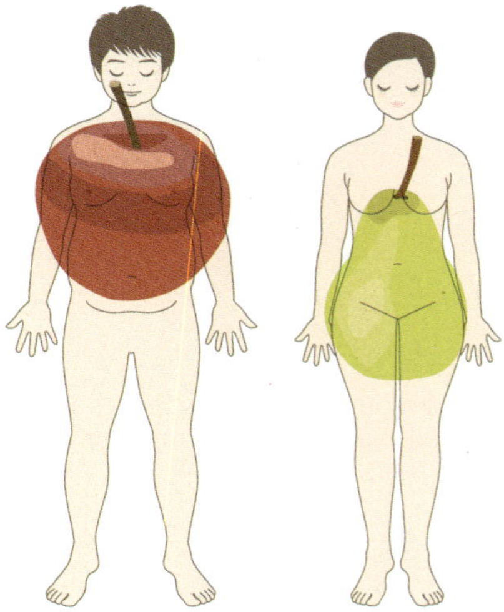

그림 12-2 ▸▸ 상체비만과 하체비만

(1) 비만과 건강문제

① 만성퇴행성 질환 발생률 증가

비만은 당뇨병, 심혈관 질환, 골관절염, 각종 암 등 여러 질병의 원인이 되고 특정 질환의 증세를 악화시킬 수 있다 표 12-2. 체질량지수가 증가할수록 이들 만성퇴행성 질환의 위험은 증가하게 된다.

② 대사성증후군

복부비만이 가장 큰 원인으로 알려진 대사성증후군metabolic syndrome은 대사성 증후군의 진단기준에서 제시하는 위험 인자 3개 이상을 동반하는 경우인데 표 12-3, 우리나라 30세 이상 성인의 30% 정도가 대사성증후군에 해당된다. 대사성증후군을 가진 경우는 심혈관 질환과 당뇨병의 발생 위험이 3배 이상 증가하여 사망률이 높아진다. 생활습관을 건강하게 교정하여 위험 인자를 정상화하면 합병증을 예방할 수 있으므로 운동과 식습관 교정을 통하여 복부비만을 치료하는 것이 중요하다.

표 12-2 ▸ 비만과 관련된 질병의 상대적 위험도

매우 높음(위험도 > 3배)	중등도(위험도 : 2~3배)	약간 높음(위험도 : 1~2배)
제2형 당뇨병 담낭 질환 고지혈증 수면 무호흡증	관상동맥 질환 뇌졸중 고혈압 골관절염	암(유방암, 자궁내막암, 대장암) 성호르몬 이상 허리 통증 마취 위험도 증가

출처: 대한비만학회, 2013

표 12-3 ▸ 대사성증후군의 진단기준

위험 인자	진단기준 : 다음 위험 인자 중 3개 이상 동반
복부비만(허리둘레)	남자 90 cm 이상, 여자 85 cm 이상
혈중 중성지방질	150 mg/dL 이상
혈중 HDL콜레스테롤	남자 40 mg/dL 미만, 여자 50 mg/dL 미만
공복 시 혈당	100 mg/dL 이상 또는 약물치료
혈압	130/85 mmHg 이상 또는 약물치료

3) 저체중

저체중underweight은 건강체중보다 20% 이상 적은 경우로, 주로 에너지 섭취 부족에 의해 나타나지만 식품의 흡수와 이용 불량, 과도한 활동, 소모성 질환(암, 갑상선항진증), 정신적 긴장이나 심리적 불안감 등에 의해서도 생긴다. 마른 몸매를 선호하는 잘못된 체형관을 가진 여성에서 신경성 식욕 부진에 의해 나타나기도 한다. 저체중의 경우에는 병에 대한 저항력이 감소하고 쉽게 피로해지며, 추위에 민감하고 감정이 약해진다.

2. 체중 조절의 원리

정상 체중을 유지하기 위해서는 적절한 운동을 하면서 식생활을 개선하는 것이 바람직하다. 특히 체지방이 많은 사람이 살을 빼는 경우에는 요요현상 없이 감량된 체중을 유지하는 것을 목표로 하여야 한다.

1) 식사 조절

건강체중 유지를 위한 식사의 원칙은 에너지 섭취량과 소비량의 균형을 유지하는 것이다 그림 12-3. 비만의 경우에는 소비하는 에너지보다 적은 양의 에너지를 섭취하여 부족한 에너지를 체지방 연소를 통해 공급하고, 저체중의 경우에는 소비하는 에너지에 비해 많은 에너지를 섭취하도록 한다.

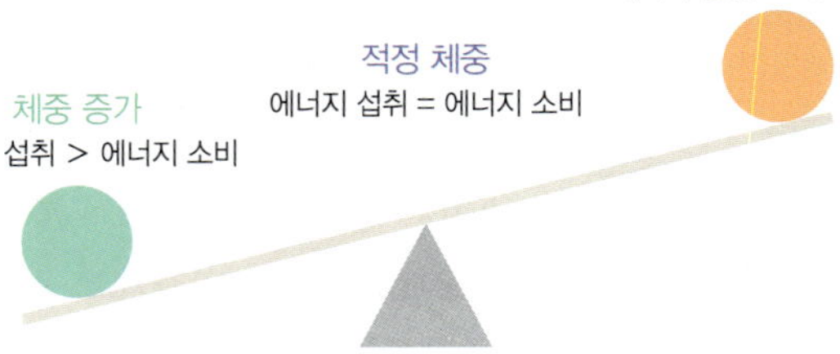

그림 12-3 ▸▸ 에너지 균형 및 불균형

(1) 비만의 식사 조절

바람직한 체중 감소는 1주일에 0.5 kg, 즉, 1달에 2 kg 정도의 체지방 감량을 목표로 하는 것이다. 식사 조절만으로 1달에 2 kg 정도의 체중을 감량하기 위해서는 1일 에너지 섭취량을 에너지 소비량보다 500 kcal 정도 적게 하면 된다. 에너지 섭취를 무리하게 제한하는 식사는 단기간에 체중을 줄일 수는 있으나, 근육 손실과 영양불량을 일으키며 요요현상을 나타낼 수 있다. 따라서 이를 막기 위해 1일 가능한 1,200 kcal 이상을 섭취하여 기초대사에 필요한 에너지는 공급하는 것이 좋다. 이때 단백질, 비타민, 무기질 등 체내 대사 및 생리 기능의 유지에 필요한 영양소의 섭취는 줄이지 않은 상태에서 에너지 섭취만을 줄이는 식사를 하도록 한다. 이를 위해서는 곡류와 간식류를 줄이고 채소와 우유 등의 섭취는 유지하는 것이 좋다 표 12-4.

① 에너지와 영양소 구성

저에너지식low energy diet에서는 일반적으로 남자의 경우 1,200~1,800 kcal, 여자의 경우 1,000~1,500 kcal 정도를 섭취한다. 영양소는 지방질과 탄수화물 비율은 약간 낮

체중 조절 순서와 기간

BOX 1

대상자 A : 20세 여자, 신장 160 cm, 체중 70 kg, 체질량지수 27.3

1. 줄여야 할 체중의 양

체질량지수가 18.5~23가 되도록 권장하고 있다. 여자는 21, 남자는 22를 목표로 한다.

여자의 건강체중(kg): 신장(m) × 신장(m) × 21

A의 건강체중(kg) = 1.6 × 1.6 × 21 = 54 kg

줄여야 할 체중 = 70 kg - 54 kg = 16 kg

※ 체지방 1 kg의 에너지 함량

지방 1 g은 9 kcal를 내므로 지방 1 kg은 9,000 kcal의 에너지를 함유한다. 한편, 체지방 조직에는 지방과 함께 단백질, 무기질, 물이 약간 포함되어 있어서 실제로 체지방 1 kg은 약 7,700 kcal의 에너지를 함유한다.

2. 체중 감량 목표

바람직한 감량 목표는 1주일에 약 0.5kg, 1주일에 에너지 섭취량 3,850 kcal를 감량해야 하므로

3,850 kcal ÷ 7일 = 550 kcal, 즉 매일 약 500 kcal씩 덜 먹는 것이다.

전문가의 도움 없이 안전하게 뺄 수 있는 체중 감량의 최대치는 1주일에 약 1 kg이다.

1주일에 체지방 1 kg을 빼려면 매일 약 1,000 kcal를 덜 먹어야 한다.

운동을 매일 실시하여 200 kcal를 운동으로 소모하면 1주일에 약 0.5 kg 감량을 위해서는 매일 약 300 kcal씩 덜 먹으면 된다.

200 kcal를 소모하는 운동

걷기 60분 수영 30분 조깅 30분 자전거 타기 60분

3. 체중 감량 기간

대상자 A가 16 kg을 감량하기 위한 기간은,

1주일에 약 0.5 kg를 감량하는 경우(매일 약 500 kcal씩 덜 먹는 경우) → 32주(약 8개월)

1주일에 약 1 kg를 감량하는 경우(매일 약 1,000 kcal씩 덜 먹는 경우) → 16주(약 4개월)

표 12-4 ▸ 500 kcal에 해당되는 음식

곡류		고기, 생선, 달걀, 콩류	
밥	1⅔공기	닭가슴살(탁구공 크기)	10토막
국수	2½그릇	살코기(로스용)	10장
크래커	25개	닭다리	5개
감자(중)	5개	갈비(소)	5토막
고구마(중)	2½개	달걀(대)	6개
옥수수	2½개	두부(420 g, 포장두부)	1¼모
모닝빵	5개	고등어(소)	6토막
		가자미(소)	10토막
		땅콩	90개
		호두	17개
채소류		**과일류**	
나물(작은 접시)	25접시	사과(중)	3⅓개
김	25장	딸기(중)	77개
오이(중)	8개	귤	10개
파프리카(대)	25개	주스	5컵
배추김치(작은 접시, 한 접시 6~7개)	25접시		
기타		**우유류**	
라면	1개	우유(200 mL)	4컵
짜장면	1그릇		
짬뽕	1그릇		
잡채밥	1그릇		
오징어덮밥	1그릇		
스파게티	1접시		
식용유	11작은술		
마요네즈	11작은술		

추면서 단백질 비율은 약간 높여 단백질을 충분히 섭취하는 것이 좋다. 에너지 섭취가 줄더라도 비타민과 무기질은 충분히 공급하며, 식이섬유가 풍부한 채소 섭취를 늘린다.

② 식품 선택

영양 균형을 이루기 위해 곡류, 콩류, 살코기, 생선, 채소류를 골고루 선택하여 다양한 식품을 먹는다. 간식은 채소, 달지 않은 과일, 저지방우유 등을 이용한다. 자연식품을 주로 이용하고 가공식품 이용 시에는 영양표시를 참고하여 지방질과 당류 함량이 낮은 식품을 선택한다.

③ **식사 횟수와 끼니별 에너지 배분**

1일 3회의 식사와 식사 중간에 2번의 간단한 간식을 하는 것이 좋다. 끼니별 에너지 섭취량의 비율은 '아침:점심:저녁'을 '3:3:2'로 배분하여 아침과 점심을 충분히 먹고, 저녁 식사량은 줄이며 야식은 먹지 않도록 한다.

④ **조리방법**

볶음, 튀김 등의 기름을 사용하는 조리방법 대신 삶기나 찌기 같은 조리방법을 사용하며 그림 12-4, 채소를 먹을 때에 마요네즈나 샐러드드레싱의 사용을 줄인다.

찐 감자	감자조림	감자채볶음	감자전	감자튀김
55 kcal	72 kcal	80 kcal	253 kcal	324 kcal
100 g	100 g	100 g	100 g	100 g

그림 12-4 ▸▸ 조리방법에 따른 음식의 에너지 함량 변화

⑤ **외식 선택**

외식은 지방질과 당류 함량이 많아 1인분의 에너지 함량이 많고, 나트륨이 많이 들어 있어 식욕을 돋우어 과식하게 되므로 외식을 줄이는 것이 좋다. 일반적으로 중식이나 양식에 비해 1인분의 열량이 낮고 채소가 풍부하여 포만감을 주는 한식을 선택하는 것이 바람직하다 표 12-5. 양식을 먹을 경우에는 튀김보다는 구이로 조리한 음식

표 12-5 ▸▸ 식품별 에너지 함량

(단위 : kcal)

한식		중식		양식	
된장찌개	140	짜장면	423	돈까스	334
김치찌개	128	탕수육	308	함박스테이크	320
미역국	78	짬뽕	418	스파게티	505
삼계탕	510	볶음밥	433	생선까스	320
설렁탕	183	깐풍기	267	새우튀김	161

표 12-6 ▸▸ 외식의 메뉴 선택

음식명	조합	열량(kcal)	음식명	조합	열량(kcal)
햄버거 세트	햄버거(대) 콜라(대) 프렌치프라이(대)	528 200 380 총열량 1,108 kcal	케이준 샐러드	샐러드용 채소 닭가슴살튀김 소스 *소스: 허니머스터드 15 g, 꿀 15 g, 마요네즈 45 g	10 295 295 총열량 600 kcal
비빔밥	비빔밥(1회 분량) 배추김치(40 g) 아욱국 1/3그릇	484 15 10 총열량 519 kcal	닭가슴살 샐러드	샐러드용 채소 닭가슴살 구운 것 요구르트 소스	10 231 99 총열량 340 kcal

출처: 네이버 키친; 대한영양사회, 삼성서울병원, 1999.

을 선택하고, 소스와 드레싱의 선택에 주의하도록 한다 표 12-6.

⑥ 술

술에 들어 있는 알코올은 1 g당 7 kcal를 내어 에너지가 높지만, 다른 영양소는 거의 없으므로 술을 '빈열량식품empty calorie food(칼로리는 있지만 영양소는 없는 식품)'라고 말한다. 술 1잔은 대략 90~180 kcal의 에너지를 내어 밥 1/3~2/3공기에 해당한다. 또한 술을 마실 때 함께 먹는 안주들이 에너지가 높은 경우가 많으므로, 체중 감량을 하는 경우에는 금주를 하도록 한다.

(2) 저체중의 식사 조절

체중 증가를 위하여 에너지 섭취량을 평소보다 1일 500~1000 kcal 정도 점차적으로 증가시켜야 한다. 크림, 아이스크림, 버터, 마요네즈 같은 지방 섭취량을 늘리면 식품의 섭취량을 크게 늘리지 않고도 에너지 섭취량을 증가시킬 수 있다.

식사는 하루 세 끼와 간식을 하며, 다양한 식품을 선택하여 섭취한다. 밥이나 음료는 그릇의 크기를 늘려 제공하며, 식사 사이에 크림과 잼 등을 바른 간식을 먹는다. 우유, 과일주스 같은 음료를 자주 마시고, 저녁에도 소화가 잘되는 잣죽 등의 간식을 먹는다.

표 12-7 ▸ 체중 감량을 위한 식사원칙

구분	내용	주의할 점
에너지	1달에 2 kg을 식사로 감량 → 1일 에너지 섭취량을 에너지 소비량보다 500 kcal 적게 섭취함	최소 1,200 kcal/일 섭취
탄수화물	체단백질 소모를 막기 위하여 1일 최소 100 g의 탄수화물을 섭취함	설탕이나 꿀 같은 단순당 섭취 피함 현미, 잡곡, 통밀빵 등 섭취 권장
지방질	포화지방산 섭취를 줄이고, 콜레스테롤은 1일 200 mg 이내로 섭취	식물성 기름이나 어유 섭취 권장
단백질	체단백질 소모를 막기 위해 건강체중 kg당 1.0~1.5 g의 단백질 섭취	닭가슴살, 생선, 달걀흰자, 저지방우유 및 유제품, 콩류 등의 양질 단백질 섭취 권장
식이섬유	1일 20~25 g 섭취 권장	신선한 생과일, 채소, 해조류 섭취 권장
비타민, 무기질	다양한 식품 섭취. 특히 비타민 A·C·E, 칼슘, 철 섭취를 충분하게 함	1,200 kcal/일 미만 섭취 시 비타민, 무기질 보충제 복용
수분	1일 5컵(1 L) 이상 섭취	당 함유 음료보다 물 섭취
술	술의 섭취 제한	술과 안주는 열량이 높으므로 섭취를 제한함

출처: 김선효 외, 2013

2) 운동

체중을 조절하기 위해서는 적당한 강도의 운동을 지속적이고 규칙적으로 하는 것이 좋다.

(1) 비만 조절을 위한 운동의 종류

유산소운동aerobic exercise과 근력운동을 병행하는 것이 이상적인 운동 형태이다. 유산소운동이란 지방을 에너지원으로 쓰는 저·중강도의 활동인 조깅, 장거리 달리기, 수영, 에어로빅 댄스, 자전거 타기, 계단 오르기 등의 운동을 말하는데, 이들이 체지방 감량에 효과적이다. 근력운동은 역도, 요가, 아령 운동, 팔굽혀펴기, 윗몸일으키기, 필라테스 등의 운동으로, 근육 증가에 효과적이고 기초대사량을 늘리기 때문에 장기적으로 볼 때에 체중을 감소시키고 요요현상 발생도 막아 준다. 유산소운동도 강도를 급격히 높이면 근력운동이 된다.

(2) 비만 조절을 위한 운동의 강도와 지속시간

운동을 할 때에는 최대 심장박동수의 70% 정도를 유지하는 것이 좋다. 이때의 운동 자각도는 다소 숨이 차고 땀이 날 정도이며 운동을 하면서 대화가 가능한 수준이다. 운동을 20분 이상 계속하여야 체지방이 연소되어 에너지를 내기 시작하므로, 운동시간은 30분 이상으로 하는 것이 체지방 감량에 효과적이다. 걷기의 경우에 자세를 바르게 하고 다소 빠르게 걷는 경보가 효과적이며, 시간은 60분 정도가 적당하다. 일주일에 3번 이상, 1번에 30~60분, 약 200~300 kcal 정도를 소모하는 운동으로 최소한 2개월 이상 실시하여야 지방조직이 감소한다 그림 12-5.

그림 12-5 ▸▸ 일상 활동과 운동에너지 소모량(70 kg 남자 기준)

(3) 저체중을 위한 운동

체중 증가를 원하는 경우에는 근육을 늘려 주는 근력운동이 도움이 된다. 체중을 늘리기 원하는 경우에는 운동량보다 더 많은 에너지를 섭취하여야 하며, 운동은 지속적이고 규칙적으로 실시한다.

3) 비만을 위한 행동 수정

비만을 유도하는 생활습관을 고치기 위해, 문제가 되는 행동을 알아내어 과식을 자극하는 요인을 조절하고 바람직한 행동을 하도록 한다.

(1) 자기감시

먹는 음식과 식행동에 영향을 주는 요인들을 이해하여 비만과 관련된 식행동의 문제점을 찾고 행동 수정을 돕는 과정이다. 음식을 먹는 장소, 시기, 마음 상태 등을 식사일기 형식으로 기록하고, 활동의 종류, 장소, 시간 등을 운동일기 형식으로 기록한다.

(2) 자극 조절

과식을 하는 충동적 요인을 최소화하기 위해 환경을 변화시키고 먹는 행위를 통제하는 것을 말한다. 과식이 일어나는 상황을 막기 위하여 식품의 구매부터 먹는 방법 등에서 저에너지식을 실천하도록 식행동을 교정한다.

자극 조절방법

- 아침식사를 반드시 한다.
- 식사 후 곧바로 이를 닦는다.
- 식사 도중에 TV를 보지 않는다.
- 장을 볼 때는 배고프지 않도록 식사 후에 한다.
- 장을 볼 때 신선한 채소와 과일을 우선 고른다.
- 외식 시 세트음식이나 코스요리는 피하고 필요한 음식만 주문한다.
- 헐렁한 옷 대신 몸에 맞는 옷을 입는다.
- 모임이나 회식의 횟수를 줄인다.

(3) 행동 강화

체중 조절을 위한 바람직한 행동을 하였을 때에 자신에게 또는 바람직한 행동을 한 지인에게 선물 등의 보상을 함으로써 체중 유지를 위한 좋은 식행동을 확립하고 유지하기 위한 과정이다.

3. 체중 조절 식사의 부작용

1) 요요현상

일단 체중 감량에 성공한 후 다시 원래의 체중으로 증가하는 것이 반복하는 현상을 '요요yo-yo현상'이라고 한다. 요요현상이 수차례 반복되면 오히려 체지방이 증가하는 방향으로 신체 조성이 변한다. 인체에는 자신의 체중 및 체지방량이 정보로 설정되어 있어 일정 체중을 유지하는 경향이 있다. 체중이 70 kg이라고 설정되어 있으면, 다이어트를 하여 체중을 55kg로 줄였다 해도 생체리듬이 55 kg인 자신을 비정상이라고 생각해서 식욕을 늘리고 대사율을 조절하여 다시 70 kg으로 되돌리려는 경향을 보인다. 그리하여 요요현상이 나타나는 것이다.

BOX 2

요요현상을 최소화하기 위한 방법

식사 조절
- 저에너지식을 하되, 영양소 균형을 이룬 식사를 한다.
- 식사의 양을 줄이는 것보다 식사의 질을 조절한다 : 식이섬유와 단백질을 충분히 섭취한다.
- 천천히 먹으며 80%만 배를 채운 느낌을 유지한다.
- 식사를 하루 세 끼 규칙적으로 하면서 야식을 삼간다.

운동 및 활동량 조절
- 유산소운동을 지속적으로 실시한다.
- 전신의 근육을 골고루 이용하는 운동으로 근육량을 유지한다.
- 평소의 생활에서 신체 활동량을 늘린다.

생활습관 조절
- 체중을 규칙적으로 같은 시간에 잰다.
- 다이어트 기간에 지켰던 좋은 식행동을 계속 실천한다.

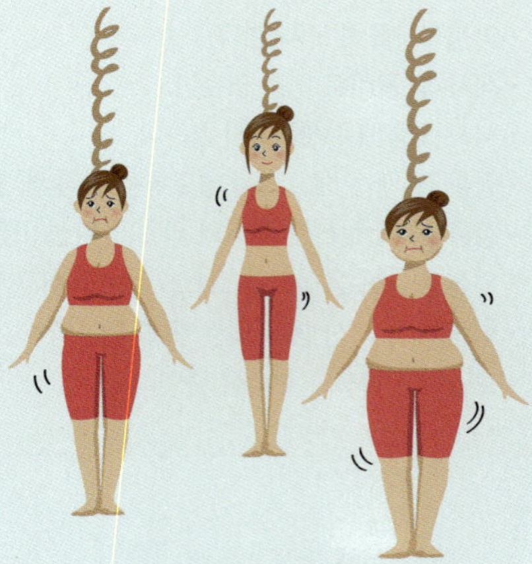

2) 유행 다이어트

유행 다이어트는 대부분 저에너지식이어서 초기에는 체중이 빠르게 감소하지만, 장기적으로는 효과적이지 못하고 요요현상이 나타난다.

(1) 앳킨스 다이어트

미국인 의사 앳킨스Atkins가 제안한 방법으로, 탄수화물은 제한하고 지방질과 단백질식품을 마음대로 먹으면서 체중을 줄일 수 있다고 하여 미국과 유럽에서 유행한 다이어트이다. 마음대로 먹을 수 있는 음식과 섭취하지 못하는 음식을 구분하여 2주 코스로 체중 감량을 하는 방법이다.

표 12-8 ▸▸ 앳킨스 다이어트의 특징과 문제점

특징	문제점
• 탄수화물은 최소한 섭취(1일 20 g 이하) (밥, 빵, 국수, 감자, 고구마, 당근, 바나나, 사과, 배 섭취 금지) • 채소를 충분히 섭취(상추, 무, 오이 등) • 단백질과 지방질은 원하는 만큼 섭취(살코기, 생선, 달걀, 치즈) • 1일 8잔의 물 • 블랙커피, 차, 다이어트 콜라 섭취 가능 • 향신료, 소금, 후추, 레몬, 식초 등 이용 가능	• 케톤증 발생 • 심한 이뇨작용에 의한 체수분 손실 • 동맥경화 위험성 증가

(2) 덴마크 다이어트

덴마크에서 개발된 고단백질, 무탄수화물, 저에너지 치료식으로, 달걀과 채소를 주로 한 식사로 2주간 7 kg 정도의 체중을 감량할 수 있다고 한다. 음식의 종류가 제한되어 있어 영양불균형을 초래할 수 있다. 케톤증이 발생할 수 있으며, 동물성 단백질 섭취량이 높아 장기간 시행 시 소변으로 칼슘 배설이 증가하여 골다공증의 위험이 있다.

(3) 원푸드 다이어트

원푸드 다이어트one-food diet는 밥, 두부, 당근/오이, 감자, 사과, 포도 등 특정한 음식만을 일정 기간 먹는 방법이다. 한 가지 음식만으로 모든 영양소가 충족되지는 않으며, 심각한 영양소의 불균형을 초래한다. 과다하게 섭취된 한 가지 영양소는 소변으로 배출되고, 단백질 결핍으로 근육이 감소하여 건강에 위협이 된다.

건강을 해치는 유행 다이어트

다음과 같이 선전하는 유행 다이어트는 건강을 해칠 수 있다.

- '운동없이 일주일 만에 5 kg 감량' 등 식사 조절로만 체중을 다량 줄일 수 있다.
- 특정 음식만을 먹도록 한다.
- 특정 음식의 섭취는 철저히 제한한다.

3) 극심한 저에너지식의 부작용

극도의 저에너지식을 장기간 하면 탄수화물 섭취의 감소로 인하여 저혈당 증상인 두통이 나타나고, 근육 글리코겐 부족으로 근육통과 근육피로가 나타난다. 1일 100 g 이상의 탄수화물을 섭취하고, 근육통 완화를 위하여 충분한 수분과 칼륨, 마그네슘 등을 섭취하도록 한다. 식사량의 감소로 침이 산성화되어 구취가 나타날 수 있고, 변의 양이 줄어들면서 변비가 나타날 수 있으므로 식이섬유의 섭취량을 늘리고 적당한 수분을 섭취하도록 한다.

또한 체온을 보호하던 체지방이 감소되고, 현재의 체중을 유지하기 위하여 갑상선 기능이 저하됨으로써 추위에 예민하게 되며, 머리카락이 빠지거나 피부가 거칠어지는 증상이 나타날 수 있다. 극심한 체지방 감소는 여성에서 무월경 등 생리적 변화를 가져올 수 있으며, 심한 체중 감소는 면역 기능을 저하시켜 질병에 대한 저항력을 낮추는 원인이 된다.

13 건강한 식생활

1. 당뇨병
2. 고혈압
3. 동맥경화
4. 암
5. 골다공증
6. 빈혈

의학의 발달로 수명이 연장되면서 식생활과 건강에 대한 관심이 커져가고 있음에도 불구하고, 생활 환경 및 식생활의 변화로 인하여 당뇨병, 심혈관 질환, 암, 골다공증과 같은 만성퇴행성 질환의 발병이 계속 증가하고 있다. 평균수명 증가와 함께 에너지 섭취 과다와 영양불균형이 이들의 발병 원인이 되는 것으로 밝혀짐에 따라 표 13-1, 적절한 식생활 관리를 통하여 이들 질환을 예방함으로써 삶의 질을 높이는 것이 중요하다.

표 13-1 ▸▸ 만성퇴행성 질환에 대한 식이 및 생활양식의 위험 인자

만성퇴행성 질환 / 식이 및 생활양식의 위험 인자	당뇨병	고혈압	동맥경화	암	골다공증
과량의 지방 섭취		●	●	●	
복합당질과 식이섬유의 섭취 저하	●		●	●	
칼슘 섭취의 저하		●		●	●
비타민과 무기질 섭취의 저하		●	●	●	●
과량의 짠 음식의 섭취		●	●	●	●
과량의 알코올 섭취		●	●	●	●
흡연		●	●	●	●
연령	●	●	●	●	●
생활습관	●	●	●	●	●
스트레스	●	●	●		

1. 당뇨병

당뇨병diabetes mellitus은 인슐린의 분비가 부족하거나 인슐린의 작용이 정상적으로 이루어지지 않아 발생되는 질병으로, 혈액 속의 글루코스 수치가 높아져서 소변으로 당이 빠져 나오는 증상을 보인다. 당뇨병은 완치가 불가능하나 식사, 운동, 약물 등으로 조절이 가능하므로 혈당 조절을 잘 하면 당뇨병 환자도 정상적인 생활을 할 수 있다. 우리나라의 당뇨병 발생률 및 사망자는 계속 증가하고 있는 추세이다.

당뇨병은 원인에 따라 1형당뇨병(인슐린 의존형 당뇨병insulin dependent diabetes mellitus, IDDM), 2형당뇨병(인슐린 비의존형 당뇨병non insulin dependent diabetes mellitus, NIDDM) 등으로

표 13-2 ▸ 당뇨병의 종류와 특징

특징	1형당뇨병	2형당뇨병
발생 연령	일반적으로 10대에 발생	일반적으로 40세 이후에 발생
체중	과체중이 아님, 마른 체격	과체중 또는 정상 체중
증상	급성합병증 주의	만성합병증 주의
인슐린 분비	분비되지 않음	상대적으로 소량 분비
인슐린 치료	반드시 필요	경우에 따라 필요
발병 비율	전체 당뇨병의 10% 이하	전체 당뇨병의 90% 이상

나눈다 표 13-2. 1형당뇨병은 췌장에서 인슐린 합성이 안 되는 당뇨병으로 주로 소아기에 발생한다. 2형당뇨병은 인슐린의 합성이 감소된 경우나 인슐린이 분비되더라도 작용하지 못하는 인슐린 저항성으로 인해 발생하는 것으로 중년 이후에 주로 발병하며, 전체 당뇨병의 90% 이상을 차지한다.

1) 당뇨병의 원인 및 진단

당뇨병은 유전적 요인을 가지고 있는 사람에게 비만, 스트레스, 호르몬 분비 이상, 세균이나 바이러스 감염 및 약물 남용 등의 환경적 인자가 더해질 때 발병된다.

당뇨병은 혈액 글루코스 농도를 측정하여 진단하는데, 공복 시 정상인의 혈당은 70~100 mg/dL이고, 126 mg/dL 이상이면 당뇨병으로 진단한다.

당뇨병의 진단기준

- 공복시 혈당치 126 mg/dL 이상
- 식후(당부하 후) 2시간 혈당치 200 mg/dL 이상
- 다음, 다뇨, 체중 감소와 함께 무작위 측정 혈당이 200 mg/dL 이상인 경우
- 당화혈색소가 6.5% 이상인 경우

2) 당뇨병의 증상

당뇨병 환자가 혈당이 높아지면 신장에서 글루코스 일부가 재흡수되지 못하고 소변으로 빠져 나가는 당뇨가 나타난다. 또한 소변의 양이 많아지는 '다뇨' 증상을 보이며 잠을 자는 도중에도 여러 번 소변을 보게 된다. 많은 양의 수분이 배설되면 갈증을 느끼게 되고 물을 많이 마시게 되는 '다음' 증상을 나타낸다. 또한 세포 내 에너지 부족과 조직의 영양소 부족으로 심한 공복감을 느끼게 되어 많이 먹게 되는 '다식' 증상이 나타난다 그림 13-1.

당뇨병 환자는 급성고혈당으로 인한 당뇨병성 혼수가 나타나고, 과다한 인슐린 투여나 과다한 운동으로 인해 저혈당증이 갑자기 나타나기도 하니 주의하여야 한다.

만성 합병증으로는 신경병증, 신장 질환, 망막병증, 심혈관 질환 등이 나타난다. 당뇨병성 신경병증으로 손발 저림이나 통증 등이 나타나고, 현기증, 설사, 배뇨 장애 등이 생기면서 방치하면 발이 썩어 들어가는 증상을 일으킨다. 고혈당으로 삼투압이 높아지면서 신장의 혈관이 손상을 받아 신장 기능이 저하되어 신부전이 되는 신장 질환이 진행된다. 우리나라에서 시력을 잃는 최대 원인은 당뇨병성 망막병증으로, 망막 부위의 혈관을 손상시켜 시력 저하를 일으키고 결국 실명이 된다. 당뇨병에서는 혈액 지방질 농도가 높아져 동맥경화증, 협심증, 심근경색, 뇌졸중을 유발하는 원인이 된다.

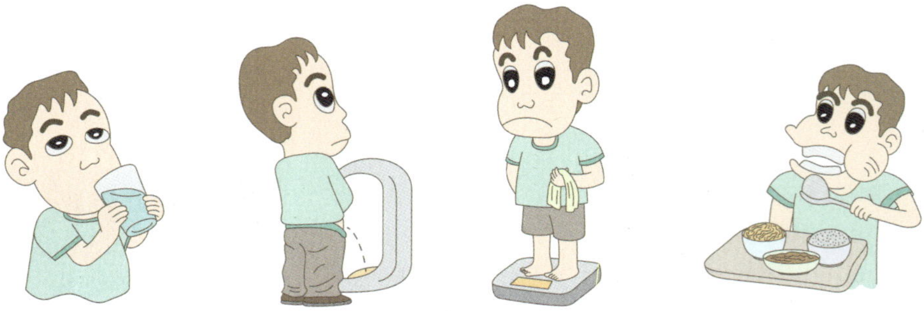

다음	다뇨	체중 감소	다식
목이 자주 마르므로 물을 많이 마심	소변 양이 늘고 자주 봄	체지방 및 체단백질 감소	배가 자주 고프고 많이 먹음

그림 13-1 ▸▸ 당뇨병의 증상

3) 당뇨병의 관리

당뇨병의 치료에는 약물, 운동 및 식사 조절을 함께 실시하는데, 1형당뇨병 환자의 경우 인슐린 치료가 필수적이며, 2형당뇨병 환자는 경우에 따라 인슐린 치료 여부가 다르다.

당뇨병에서 운동은 혈당을 낮추고 체중을 조절함으로써 당뇨병의 합병증을 예방하는 데 도움을 준다. 걷기, 맨손체조, 자전거 타기, 계단 운동, 수영 등이 당뇨병에 좋은 운동이며, 식후 30~60분이 경과한 후에 하루 40~60분 정도의 운동을 실시한다. 공복 시에는 저혈당의 위험이 있으므로 주의한다.

표 13-3 ▸▸ **당뇨병의 영양소별 고려사항**

① 에너지 : 건강체중을 유지할 수 있는 양을 섭취한다.
② 탄수화물 : 탄수화물의 섭취는 다소 줄이고, 혈당지수가 낮은 식품을 섭취하여 혈당이 급격히 오르지 않도록 한다.

높은 혈당지수 식품	중간 혈당지수 식품	낮은 혈당지수 식품
구운감자, 팝콘, 흰빵, 흰밥, 국수, 수박	아이스크림, 스파게티, 옥수수, 고구마, 바나나, 오렌지주스(무가당), 현미밥	오렌지, 복숭아, 시리얼(무당), 배, 사과, 강낭콩, 우유, 대두

③ 단백질 : 단백질 필요량은 정상인과 같고, 양질의 단백질 식품을 섭취한다.
④ 지방 : 포화지방산과 콜레스테롤 함량이 낮고, ω-3계 지방산을 포함한 불포화지방산의 비율이 높은 식사를 한다.
⑤ 식이섬유 : 식후 혈당의 급격한 상승을 억제하고 혈액 콜레스테롤을 저하시키는 효과가 있으므로 잡곡과 채소류, 해조류 등을 충분히 섭취한다.
⑥ 나트륨 : 합병증인 고혈압 예방을 위해 나트륨 섭취를 제한한다.
*음식의 맛을 증진시키기 위해 소량의 감미료를 사용할 수 있다.

당뇨병 환자의 식사지침

- 매일 일정한 시간에 알맞은 양의 음식을 규칙적으로 먹는다.
- 다양한 음식을 골고루 섭취한다.
- 설탕이나 꿀 등 단순당의 섭취를 피한다.
- 식이섬유를 충분히 섭취한다.
- 콜레스테롤의 섭취를 줄인다.
- 소금 섭취를 줄인다.
- 술을 피한다.

영양관리는 건강체중을 유지하기 위해 에너지 섭취를 조절하고, 각 영양소를 균형 있게 섭취하도록 한다 표 13-3. 식사시간과 간격을 적절하게 분배하며 식사량도 균등하게 나누어 섭취하는 것이 중요하다.

2. 고혈압

고혈압hypertension은 동맥 혈압이 지속적으로 높은 상태로서, 안정 시 수축기 혈압이 140 mmHg, 또는 이완기 혈압이 90 mmHg를 초과한 경우를 말한다 표 13-4. 대부분의 경우(90% 이상) 심장순환계 자체의 이상으로 인한 고혈압이다.

1) 고혈압의 원인 및 진단

고혈압은 스트레스로 인한 혈관 수축 또는 비만이나 나트륨 섭취 과다로 인한 혈액량 증가에 의해 발생된다 그림 13-2. 흡연과 노화에 의해서 유발이 촉진되며, 유전은 고혈압 발생의 가장 중요한 요인이다. 고혈압을 발생시키는 요인들은 표 13-5와 같다.

고혈압은 합병증이 생기기 전에는 별다른 증상이 없으므로 정기적으로 혈압을 측정하는 것이 필요하다. 혈압은 5분 이상 안정한 후 앉은 자세에서 측정 부위를 심장 높

표 13-4 ▸ 고혈압의 정의(WHO 기준)

분 류	수축기 혈압(mmHg) 또는	이완기 혈압(mmHg)
정상	< 120	< 80
경계	120~139	80~89
고혈압	> 140	> 90

표 13-5 ▸ 고혈압의 위험 요인

- 유전(심혈관 질환의 가족력)
- 흡연
- 고지혈증
- 당뇨병
- 노화
- 성별(남성과 폐경 이후 여성)
- 식사 요인 : 나트륨, 지방질 및 알코올의 섭취 과다, 칼륨, 칼슘, 마그네슘의 섭취 부족

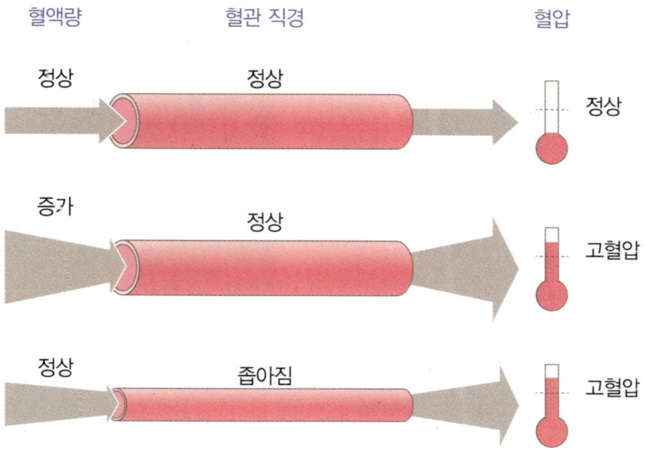

그림 13-2 ▸▸ 고혈압의 병리

이에 두고 측정해야 하며, 측정 전 30분 이내에 담배나 카페인 섭취는 피해야 한다. 혈압은 2번 이상 측정하여 평균치를 구한다.

2) 고혈압의 증상

고혈압의 경우 초기에는 머리가 무겁고 두통, 이명, 현기증 및 숨이 차는 등의 증상만을 보이나, 고혈압이 지속되면 신체기관에 손상을 일으켜 합병증이 나타난다.

합병증은 심부전, 협심증, 심근경색 등의 심장 증세와 신부전 등의 신장 증세, 시력 저하, 뇌졸중, 혼수 등의 뇌신경 증상으로 나타난다 그림 13-3. 뇌졸중(중풍) 환자의 약 80%가 고혈압이 원인으로 나타나므로 고혈압을 치료하는 것은 뇌졸중 예방에 매우 중요하다.

3) 고혈압의 관리

고혈압 관리에는 비약물적 요법과 약물적 요법이 함께 실시된다.

고혈압의 영양관리에서는 체중 조절, 나트륨 섭취 제한, 알코올 섭취 제한 등의 생활 수정이 중요하다. 특히 체중 조절은 가장 중요한데, 과체중이나 비만의 경우에는 체중을 감량하여 체액과 심장혈관계 위험 인자를 줄이는 것이 필요하다.

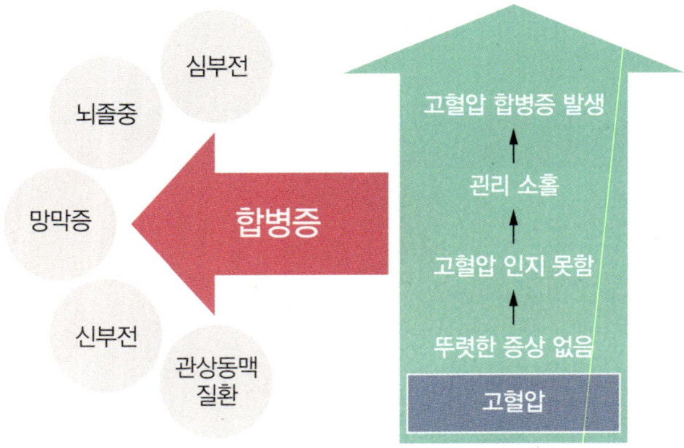

그림 13-3 ▸ 고혈압의 합병증

양질의 단백질과 칼슘, 식이섬유를 충분히 섭취하도록 하며, 불포화지방산의 섭취 비율을 증가시킨다. 저나트륨식과 함께 신선한 과일과 채소의 섭취를 통해 칼륨을 충분히 섭취하는 것은 고혈압의 예방 및 혈압 조절에 도움을 준다. 나트륨은 음식에 첨가되는 소금, 식품 가공과정의 첨가물, 그리고 식품 자체의 나트륨을 통하여 섭취하게 된다. 조리할 때 소금의 사용을 줄이고 가공식품 섭취를 줄이는 것이 저나트륨식을 하는 방법이다 표 13-6 그림 13-4.

비만인 고혈압 환자의 경우에는 운동을 통해 체중을 감량하는 것이 가장 중요하다. 걷기 같은 유산소운동이 혈압 조절에 가장 적절한 운동이다. 고혈압 환자는 일주일에 3일 이상, 하루 30분 이상 강도가 심하지 않은 유산소운동을 실시하는 것이 좋다 표 13-7. 가벼운 아령 정도의 근력운동은 안전하나, 무거운 중량을 사용하는 역도나 강도가 강한 운동은 혈압을 급격히 상승시켜 오히려 위험할 수 있다.

표 13-6 ▸ 소금 1 g에 해당하는 양념의 양

식품명	중량(g)	목측량
소금	1	1/2작은술
진간장	5	1작은술
된장, 고추장	10	1/2큰술
마요네즈	40	2큰술
토마토케첩, 마가린, 버터	30	2큰술

그림 13-4 ▸▸ 조리 중 소금 함량 변화(소금 g/식품 100 g)

표 13-7 ▸▸ 고혈압 치료를 위한 운동목표

• 유산소운동 및 가벼운 근력운동 • 최대 맥박수의 50~80%(1분당 최대 심박수는 '220-나이'로 계산) • 1주일에 3~7일 • 1회 30~60분 • 1주일에 700~2,000 kcal 소모

3. 동맥경화

동맥경화arteriosclerosis는 동맥의 안쪽 벽에 콜레스테롤 등의 지방과 플라크plaque가 축적되어 동맥의 내면이 거칠어지고 직경이 좁아진 것이다 그림 13-5. 동맥경화가 심해지면 중요 장기로의 혈액 공급이 저하되고 동맥이 파열되는 현상이 일어난다. 이러한 현상은 연령이 높아짐에 따라 점차 진전되어 보통 20~30대에 시작되고 50~60대에는 증상이 나타난다.

1) 동맥경화의 원인 및 진단

동맥경화에는 유전적 요인이 관여하고 있으며 혈관의 노화가 원인이 된다. 동맥경화의 3대 위험요소는 고혈압, 고지혈증, 흡연이며, 그 외에도 과식, 과도한 지방질 및 나트류 섭취, 운동 부족, 스트레스, 당뇨병 등이 위험 인자로 작용한다 표 13-8. 특히 혈액 콜레스테롤 농도가 높은 고콜레스테롤혈증의 경우 혈관 손상 부위에 콜레스테롤이 쌓여 동맥경화가 촉진된다.

동맥경화는 혈액검사를 비롯한 다양한 검사를 통해 진단한다 표 13-9. 혈액검사로는 총콜레스테롤, LDL-콜레스테롤, HDL-콜레스테롤 및 중성지방질 수치를 측정한다.

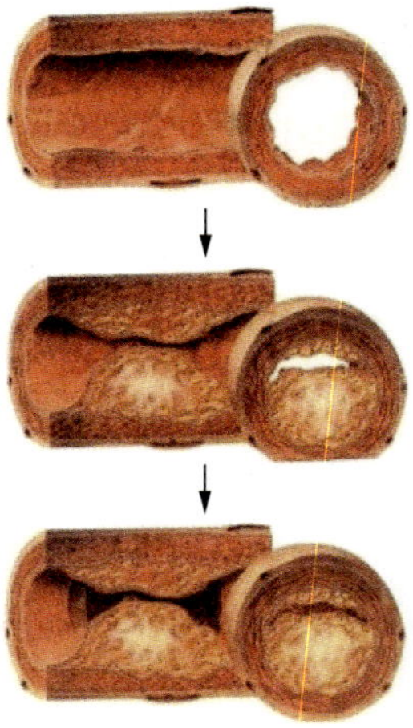

그림 13-5 ▸▸ 동맥경화의 진행 과정

표 13-8 ▸▸ 동맥경화의 위험 요인

- 남성
- 허혈성 심장 질환의 가족력
- 고지혈증
- 흡연(하루에 10개피 이상)
- 고혈압
- HDL-콜레스테롤의 감소(35 mg/dL 이하)
- 당뇨병
- 비만

표 13-9 ▸▸ 혈액 지방 수준에 따른 동맥경화의 진단

수준	총 콜레스테롤 (mg/dL)	중성지방질 (mg/dL)	LDL-콜레스테롤 (mg/dL)	HDL-콜레스테롤 (mg/dL)
안전 수준	< 200	< 150	< 100	≥ 60
위험해질 수 있는 수준	200~239	150~199	100~159	40~59
위험 수준	≥ 240	≥ 200	≥ 160	< 40

2) 동맥경화의 증상

동맥경화는 주로 심장, 신장, 뇌 등에서의 혈액 흐름을 방해하는데, 질환이 발생되는 부위에 따라 증상이 다르게 나타난다 그림 13-6. 심장에 산소와 영양을 공급하는 관상

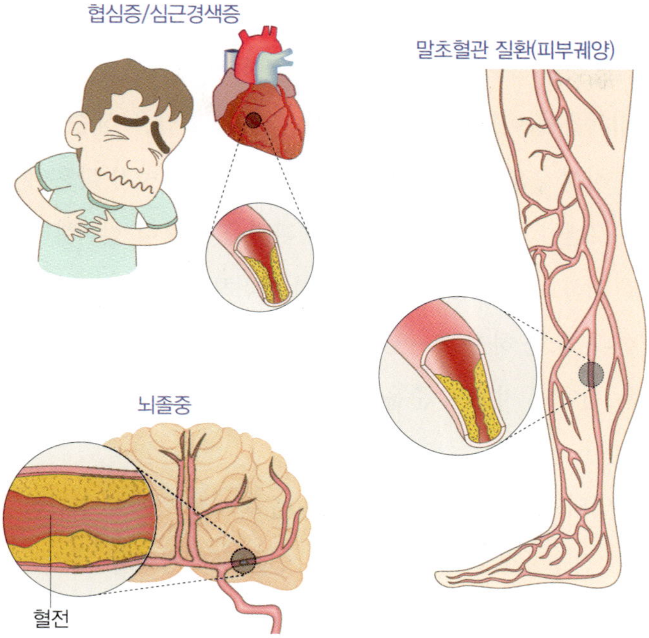

그림 13-6 ▸▸ 동맥경화의 증상

동맥에 경화가 생기면 심장 근육이 괴사되어 심근경색증이 발생하게 된다. 동맥경화가 뇌동맥에 발생하면 뇌졸중의 원인이 되며, 신장 동맥에 발생하면 신부전증을 유발하게 된다. 또 팔이나 다리의 말초혈관에 동맥경화가 생기면 혈액의 흐름이 방해되어 손발 끝이 저리는 증상을 보인다. 심해지면 막힌 혈관의 아래 부분에 심한 통증과 함께 피부 궤양과 근육 괴사 증상이 나타날 수 있다.

3) 동맥경화의 관리

동맥경화에서는 에너지 섭취 제한, 콜레스테롤과 포화지방의 섭취 제한과 금주를 통한 영양관리가 우선적으로 실시되어야 한다.

영양관리로 에너지 섭취를 제한함으로써 비만을 예방하고 치료하며, 지방질은 총에너지의 20% 이하로 적게 섭취하고, 그중 포화지방산의 섭취를 특히 줄이도록 한다. 콜레스테롤 섭취량도 가능한 줄이도록 한다. 오메가-3계 필수지방산인 EPA와 DHA는 중성지방질을 감소시키는 효과와 함께 혈소판 응집작용을 억제하는 역할도 하므로 조개류 및 붉은살생선을 많이 섭취하는 것이 좋다.

나트륨 섭취량은 하루 2 g(소금으로 5 g)을 초과하지 않도록 음식을 싱겁게 먹고, 인스턴트 식품의 섭취를 줄이도록 한다. 과도한 음주는 혈압을 상승시키고 비만을 유도하므로 알코올은 하루 2잔 이하로 제한하도록 한다. 산화 방지 작용이 있는 비타민 C, 비타민 E, 베타카로텐이 풍부한 녹색 채소와 과일을 충분히 섭취한다. 또한 니아신은 혈청 콜레스테롤 저하효과가 있으므로 충분히 섭취하는데, 약리작용을 위해서는 제재로 섭취하기도 한다. 또한 하루 25~35 g의 충분한 식이섬유 섭취를 권장한다.

적당한 운동은 혈액의 지방 수준을 낮추고 체중을 조절함으로써 동맥경화를 예방한다.

흡연에 의해 흡입되는 일산화탄소는 혈관을 수축시켜 혈액의 원활한 흐름을 저해하고 동맥 부위에 혈전을 유발하기도 하므로 금연은 동맥경화의 치료에 필수적이다. 과다한 스트레스는 심장에 부담을 주어 동맥경화의 원인이 되므로 스트레스를 최소화하도록 노력한다.

4. 암

암은 종양세포가 비정상적으로 빨리 증식하여 주변 정상 세포들의 성장 및 유지를 방해하고, 혈관이나 림프선을 통해 다른 장기로 전이되어 온몸에 퍼지게 된다. 암세포는 증식하면서 독소를 분비하여 신체를 약하게 만들어 환자를 수척하게 한다. 우리나라의 암 발생빈도는 폐암이 가장 높고, 위암·간암·대장암 등도 높은 발생빈도를 보인다.

1) 암의 원인 및 진단

암의 원인은 다양하지만 표 13-10, 직접적으로 암을 유발할 수 있는 물질을 발암물질이라 한다. 담배 연기와 자외선, 방사선, 독성 화학물질들, 식품 내의 발암물질, 아플라톡신 등의 독, 곰팡이류, 바이러스 등이 대표적인 발암물질이다. 발암물질이 우리 몸에 침투하여 오랜 기간 자극을 하면 정상 세포의 염색체에 돌연변이를 일으켜서 정상세포를 암세포로 변화시킨다.

표 13-10 ▶ WHO가 발표한 암의 원인

1. 음식	35%	5. 직업병	4%
2. 흡연	30%	6. 술	3%
3. 간염 등의 감염증	10%	7. 환경오염	2%
4. 출산과 성생활	7%		

음식 중에서 태운 고기와 생선류, 동물성 지방의 과다 섭취, 지나치게 짠 음식은 암을 일으키는 요인이 된다. 고기나 생선을 태울 때 생기는 벤조피렌은 대장암과 유방암의 유발을 높이는 것으로 알려져 있고, 짠 음식은 위암의 발생과 관련이 있다. 햄, 소시지, 베이컨 등 훈연식품에 포함되어 있는 아질산염은 가열하면 발암물질인 니트로소아민으로 바뀌어 위암과 식도암 발생의 위험 인자가 되는데, 비타민 C는 이 과정을 방어해 주는 효과가 있는 것으로 알려져 있다.

바이러스를 통해 감염되는 간염은 간암으로 진행되는 경우가 많다. 자궁경부암 발생은 인유두종 바이러스와 관련이 있으며, 위궤양을 일으키는 헬리코박터 파일로리는 위암의 발생과 관계가 있다.

담배 연기에는 벤조피렌 등의 발암물질 및 유해물질이 들어 있어, 폐 조직과 여러 조직세포를 손상시켜서 폐암뿐만 아니라 식도암과 후두암의 위험요인이 된다. 술은 암 발생의 촉발인자이므로 음주와 흡연이 동시에 이루어지면 암의 발생이 높아진다. 체지방이 많아 에스트로겐의 분비가 왕성한 사람은 자궁암 및 유방암에 걸릴 확률이 높다고 알려졌다.

암은 유전되는 병은 아니나 암에 걸리기 쉬운 경향은 유전될 수도 있다.

40대 이후에는 암의 조기 발견을 위해 1~2년에 한 번 정도 정기적인 검사를 받는 것이 중요한데, 특히 위암·자궁암·대장암·유방암은 조기 발견 시 90%이상이 치료될 수 있다. 암 진단방법으로는 종양 마커를 검출하는 방법, 초음파·컴퓨터 단층촬영(CT)·자기공명영상 촬영(MRI)·혈관조영술, 내시경 검사 등이 있다. 종양 마커란 특정한 암세포에서 분비되거나 특정 암세포의 표면에 존재하는 물질로, 암이 진전됨에 따라 혈액의 농도가 높아져 특정 암의 조기진단 및 항암치료에 대한 효과를 알아내는 데 이용된다.

2) 암의 증상

암은 허약감, 빈혈, 식욕 부진 등 일반적인 영양 장애를 나타내며, 특정 부위에 암이 생기면 그에 따른 장애 증상이 나타난다 표 13-11. 예를 들어, 식도암의 경우에는 음식물을 삼키는 것이 어려워지고 가슴 통증이 유발된다. 암이 발생하면 암세포가 자라는 과정에서 독소가 생산되어 혈관 속으로 흡수되므로 이로 인해 체중이 감소하고 쇠약해진다.

표 13-11 ▸▸ 암으로 인해 나타나는 증상

- 장기적인 두통과 시력의 변화 시에는 뇌암 발생 가능성에 유의한다.
- 위가 무겁고 팽창한 느낌이 있고 식욕이 없으며, 체중이 감소하는 증상이 있을 때는 위암 검사를 실시한다.
- 검은 변이 나오는 것은 위 또는 장관에 출혈이 있는 것이므로, 위암 또는 대장암 검사를 실시한다.
- 림프선이 통증이 없이 약간 딱딱한 느낌이 드는 정도로 붓는 경우 암에 대한 검사를 실시한다.
- 여성에서 분비물의 이상 분비, 접촉성 출혈, 월경 이외의 비정상적 출혈이 있을 때는 자궁경부암에 대한 검사를 실시한다.

3) 암의 예방

암의 예방을 위해서는 감염성 질환의 감염을 예방하고, 환경오염을 줄이며 흡연·음주·음식 및 운동과 관련된 생활습관을 개선하는 것이 중요하다 표 13-12.

표 13-12 ▸▸ 부위별 암 발생과 식생활 관련 요인

암의 종류	위험 요인	억제 요인
위암	고염식, 염장식품, 탄수화물의 과다 섭취, 뜨거운 음식물, 훈제육류	우유 및 유제품, 신선한 녹황색 채소, 과일
대장암	고지방질식, 저식이섬유식, 생선과 고기를 요리할 때 생성되는 아민류	고식이섬유식(전곡류, 콩 등), 양질의 단백질 식품(쇠고기, 생선, 조개, 우유 등)
간암	곰팡이가 자란 음식	양질의 단백질 식품, 비타민, 무기질이 많은 식품
폐암	흡연	신선한 녹황색 채소, 비타민 A
식도암, 구강암	뜨거운 음식, 알코올, 흡연, 비타민과 무기질(특히 아연)이 적은 음식	녹색 채소, 과일, 무기질이 많은 식품, 양질의 단백질
유방암	고지방질식, 고에너지식	저지방질식, 저에너지식, 채소 및 과일 위주의 식사

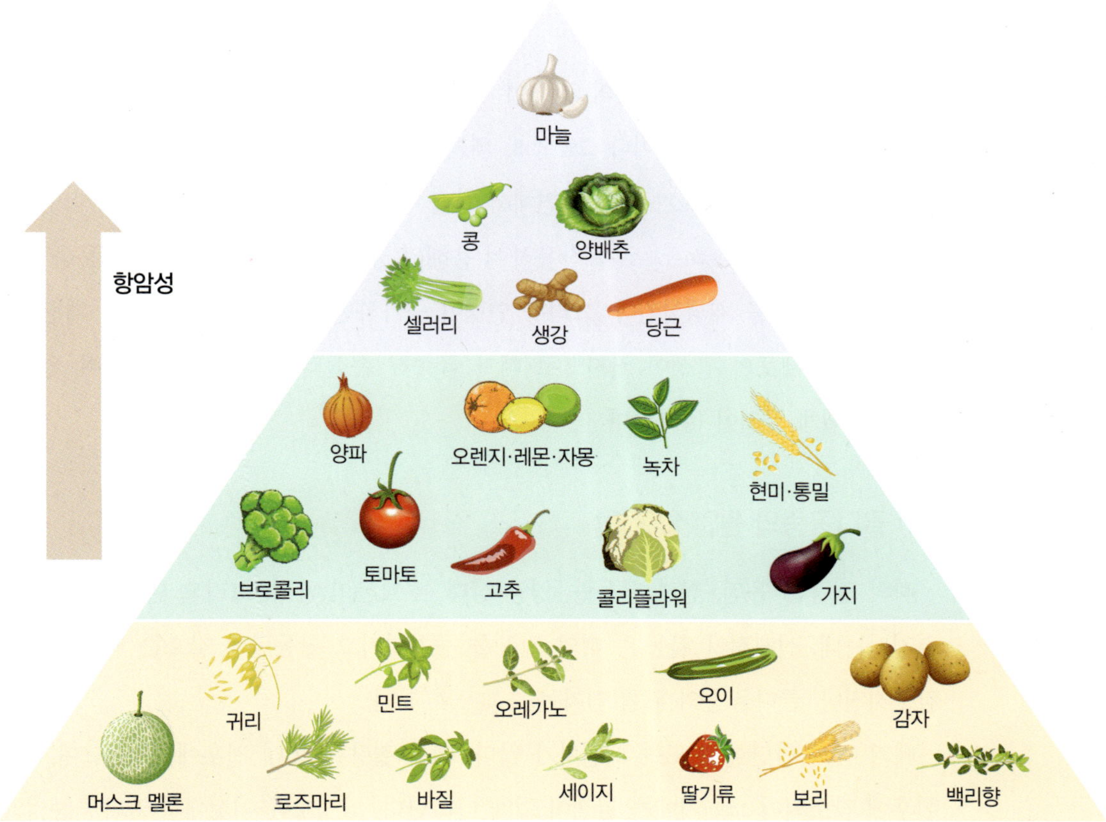

그림 13-7 ▸ 암 예방 식품 피라미드

BOX 1

암을 예방하는 10가지 생활수칙

1. 담배를 피우지 말고, 남이 피우는 담배 연기도 피하기
2. 채소와 과일을 충분하게 먹고, 다채로운 식단으로 균형 잡힌 식사하기
3. 음식을 짜지 않게 먹고, 탄 음식물 먹지 않기
4. 술은 하루 두 잔 이내로 마시기
5. 주 5회 이상, 하루 30분 이상, 땀이 날 정도로 걷거나 운동하기
6. 자신의 체격에 맞는 건강체중 유지하기
7. 예방접종 지침에 따라 B형 간염 예방접종 받기
8. 성 매개 감염병에 걸리지 않도록 안전한 성생활하기
9. 발암성 물질에 노출되지 않도록 작업장에서 안전보건수칙 지키기
10. 암 조기검진 지침에 따라 검진을 빠짐없이 받기

출처: 보건복지부, 국립암센터, 2006

5. 골다공증

골다공증osteoporosis은 뼈의 질량이 감소하고 뼈가 약해져서 조그만 충격에도 쉽게 골절이 발생하는 질환이다 그림 13-8. 뼈는 일생 동안 계속적으로 재생되는 조직인데, 파골세포osteoclasts가 뼈의 표면에서 산을 분비하여 뼈의 무기질을 용해시키면 그 다음으로 조골세포osteoblast가 작용하여 용해된 공간에 단백질, 칼슘과 인 등을 받아들여 단단한 뼈를 재생시킨다. 그러나 연령이 증가하면서, 특히 여성의 경우 폐경으로 인하여 파골세포의 활성이 커지므로 뼈가 급속히 손실되면서 척추뼈, 허리뼈, 엉덩이뼈 등에 쉽게 골절이 나타난다.

1) 골다공증의 원인 및 진단

뼈의 질량은 유전, 신체 활동량, 영양 상태, 호르몬의 균형, 그리고 환경요인에 의해 결정되는데, 신체적인 활동은 뼈의 질량을 증가시키고 활동량의 감소는 뼈의 질량을 감소시킨다. 골다공증의 위험 인자는 표 13-13과 같다.

뼈의 양과 단단한 정도는 개인차가 많다. 뼈의 질량은 30대 전후에 가장 크며, 60세 이후에 감소되어 노년기에는 골절이 쉽게 나타난다. 남성보다 여성에서 골다공증의 발병률이 높은데, 여성 호르몬인 에스트로겐은 뼈의 칼슘 용해를 감소시켜 뼈 질량을 유지하도록 돕는다. 그러므로 무월경, 난소 절제, 출산 무경험 등으로 여성 호르몬의 분비가 적은 여성에게서 골다공증 발생빈도가 높다. 운동은 뼈 재생을 촉진하여 뼈를 튼튼하게 하는 효과 이외에도 근육을 강화시키고 신체의 균형감각을 호전시킴으로써 골절의 예방에 도움이 된다.

표 13-13 ▸ 골다공증의 위험 인자

• 노화 • 저체중 • 흡연 • 지속적인 약물 복용 - 제산제 - 스테로이드 - 항경련제 - 갑상선 호르몬제	• 칼슘과 비타민 D 섭취 부족 • 알코올, 식이섬유, 커피 과다 섭취 • 운동량 감소 • 골다공증의 가족력 • 여성, 백인, 동양인 • 에스트로겐 결핍 - 폐경기 - 조기 난소 절제 여성

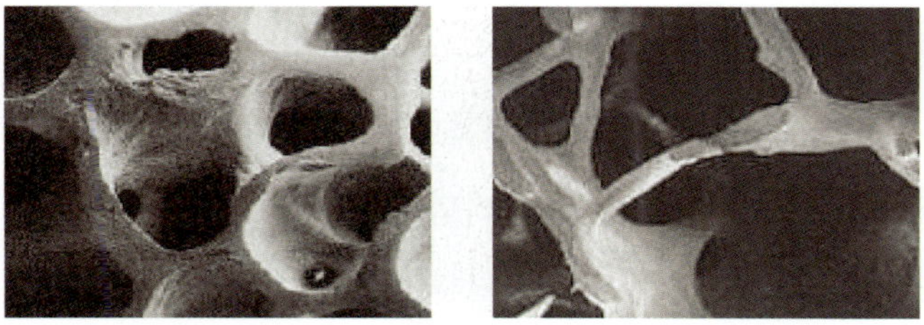

정상인의 뼈　　골다공증의 뼈

그림 13-8 ▸▸ 정상인의 뼈와 골다공증의 뼈

골다공증을 유발하는 식사요인으로는 칼슘 섭취 부족, 카페인, 단백질 및 인의 과다 섭취로 인한 소변으로 칼슘 배설 증가, 비타민 D 결핍 등이 있다.

골다공증의 진단은 X선 촬영이나 골밀도 측정기를 이용하여 골밀도 정도를 측정한다. 환자의 골밀도가 정상 성인의 평균치에서 10% 이내로 감소된 경우를 정상, 10~12% 정도 감소된 경우를 골감소증, 그 이상 감소된 경우를 골다공증으로 진단한다.

2) 골다공증의 증상

골다공증의 증상은 골절이 쉽게 발생하는 것인데, 골절은 주로 척추, 팔목, 엉덩이에서 발생하며 그림 13-9 회복된다 하더라도 골절 이전의 건강 상태로 회복되기가 매우 힘들다.

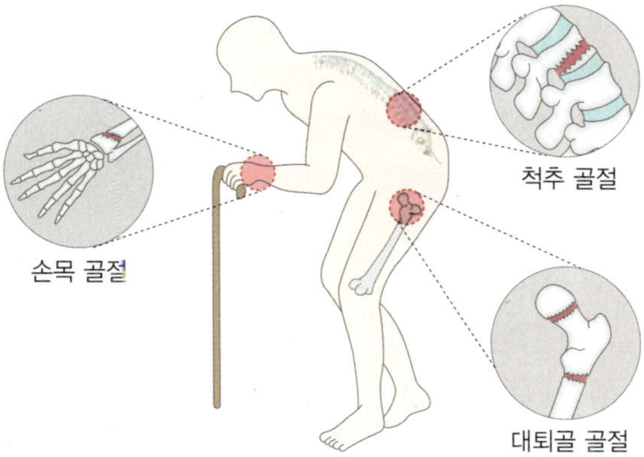

그림 13-9 ▸▸ 골다공증의 발생 부위

3) 골다공증의 관리

골다공증이 심하면 신체적 활동을 제한하고 뼈를 유지하기 위해 지지대를 사용하기도 한다. 약물 처방으로는 칼슘제제와 비타민 D, 에스트로겐, 칼시토닌으로 뼈가 약해지는 것을 억제하고, 불소 등으로 뼈가 형성되는 것을 돕는다.

규칙적인 신체활동은 뼈에 자극을 주어 뼈 합성을 촉진하므로, 걷기나 계단 오르기, 등산, 가벼운 근력운동 등을 규칙적으로 실시하는 것이 좋다. 조깅, 점프, 에어로빅, 테니스 등 충격량이 큰 운동은 골절의 위험이 있으므로 삼가는 것이 좋다. 한편, 운동 시에 몸을 부력으로 지탱하는 수영은 효과가 적다.

골다공증 환자는 칼슘을 적절히 섭취하고 영양적으로 균형 잡힌 식사를 하여야 한다. 우유 및 유제품은 칼슘뿐 아니라 칼슘 흡수 촉진인자들을 함유하고 있어 체내 이용성이 높은 이상적인 칼슘 급원이다. 그 외에도 뼈째 먹는 생선, 해조류, 채소류, 두부 등이 주요 칼슘 급원으로 이용되고 있다 그림 13-10.

칼슘 이외에도 인, 단백질, 비타민 D 등도 뼈의 건강과 관련이 있다. 인의 섭취량은 칼슘 섭취량과의 비가 1:1일 때 흡수 및 이용이 잘된다. 단백질은 적절하게 섭취할 경우 뼈의 형성을 돕지만, 과다한 동물성 단백질의 섭취는 소변으로 칼슘 배설을 증가시

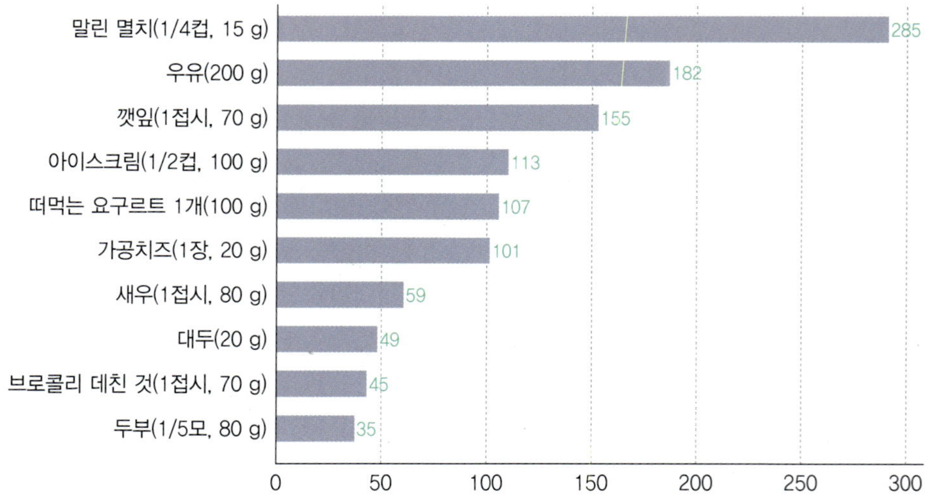

그림 13-10 ▸▸ 칼슘 급원식품과 함유량
출처: 농촌진흥청 국립농업과학원, 2011

켜 오히려 뼈를 약하게 한다. 또한 칼슘 흡수 및 무기질 침착에 필수적인 비타민 D는 자외선에 의해 피부에서 합성되므로 충분히 햇빛을 쪼이고 비타민 D 강화 우유를 마심으로써 비타민 D의 결핍을 방지하도록 한다.

6. 빈혈

빈혈anemia은 혈액 중의 헤모글로빈hemoglobin 또는 적혈구erythrocyte 수가 감소하여 혈액의 산소 운반 능력이 감소하기 때문에 각 조직에 충분한 산소가 공급되지 않아 작업 수행 능률과 감염에 대한 저항력이 감소되는 질병이다. 대부분의 빈혈은 영양 섭취가 불량하거나 철 섭취 부족으로 생기므로 규칙적인 식사를 하는 식생활 관리가 중요하다.

1) 빈혈의 원인 및 진단

빈혈은 원인에 따라 여러 종류가 있는데 표 13-14, 가장 흔하게 나타나는 것은 철결핍성 빈혈이다. 철결핍성 빈혈은 출혈성 궤양, 치질, 월경, 암으로 인한 만성적인 혈액의 손실이 있거나 성장기, 임신·수유기 등으로 철의 수요가 증가하는 시기에 식사로 섭취하는 철이 불충분한 경우에 발생한다.

철결핍성 빈혈의 경우에 헤모글로빈 농도가 낮아지는데 표 13-15, 헤모글로빈은 혈액 내에서 산소를 운반하는 단백질로 빈혈, 단백질-에너지 영양불량증, 출혈이 있을 때 감소한다.

2) 빈혈의 증상

빈혈의 초기 증상으로는 피로, 허약감, 피부 창백, 움푹 패인 손톱, 식욕 부진 등이 나타나고, 면역과 감염에 대한 저항력이 감소한다. 임신기의 빈혈은 조산, 신생아 저체중, 사산의 원인이 되고, 성장기 어린이가 빈혈이 될 경우 신장과 체중의 발달에 지장이 생기고 행동과 지적 능력에 손상을 가져와 육체 및 정신의 전반적 성장 장애가 초래된다.

표 13-14 ▸ **빈혈의 종류, 원인 및 특징**

종류	원인	적혈구 특징
재생불량성 빈혈	골수 기능 저하 X-선 및 방사능 노출 독성약품, 암	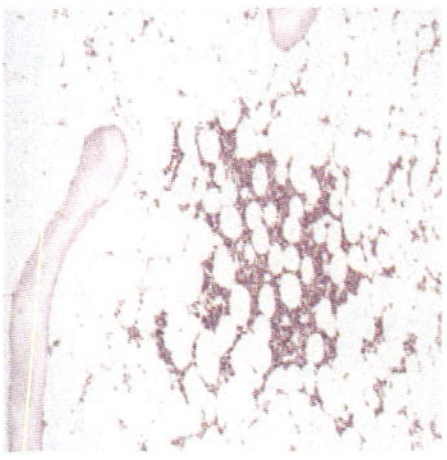
거대적아구성 빈혈	비타민 B_{12}, 엽산 결핍	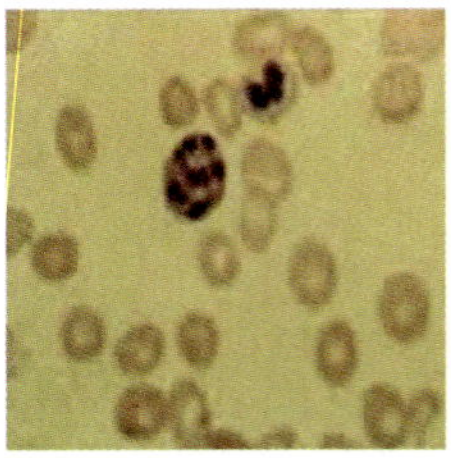
철결핍성 빈혈	철 결핍 출혈 약품과 중금속 오염(납, 카드뮴)	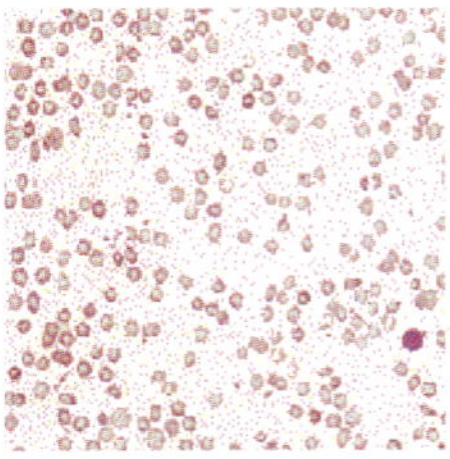

표 13-15 ▸ **철결핍성 빈혈 진단 시 헤모글로빈 기준**

남자	헤모글로빈(g/dL)	여자	헤모글로빈(g/dL)
정상	14.0	정상	12.0
약간 부족	12.3~13.9	약간 부족	10.0~11.9
빈혈	< 12.0	빈혈	< 10.0

3) 빈혈의 관리

빈혈 예방 및 치료를 위해서는 먼저 좋은 영양 상태를 유지하는 것이 중요하다. 적혈구 생성에 관여하는 단백질과 철, 구리 같은 무기질, 그리고 적혈구 성숙에 필요한 비타민 B_{12}, 엽산 등의 비타민류가 풍부한 식품을 충분히 섭취하도록 한다.

식사로 섭취하는 철은 헴철heme iron과 비헴철non-heme iron로 구분할 수 있다. 헴철은 고기, 생선 같은 동물성 식품에 많이 함유되어 있으며, 비헴철은 녹색 채소에 많이 함유되어 있다 표 13-16. 고기나 생선에 함유된 헴철의 흡수율이 높고 쌀과 시금치 등에 함유되어 있는 비헴철의 흡수율은 낮으므로 빈혈의 예방과 치료를 위해서 헴철이 많은 동물성식품을 적절히 섭취하는 것이 도움이 된다. 한편, 철은 비타민 C에 의해 흡수율이 향상될 수 있고 위산 부족, 흡수불량증, 차나 커피의 탄닌과 카페인, 곡류 껍질의 피트산 등에 의해 흡수율이 저하된다.

한편, 빈혈 중에서 거대적아구성 빈혈(악성빈혈이라고도 함)은 적혈구의 성숙이 일어나지 않아 발생하는데, 예방 및 치료를 위해서 엽산과 비타민 B_{12}를 충분히 섭취하는 것이 필요하다. 신선한 과일과 녹색 채소, 간, 고기, 생선은 엽산의 급원이고, 비타민 B_{12}는 쇠고기와 돼지고기, 달걀, 우유와 유제품 같은 동물성 식품에 많이 함유되어 있다.

표 13-16 ▸▸ 철의 주요 급원

식품 1회 분량 중 철 함량(mg)

식품(1회 분량, g)	철 함량	식품(1회 분량, g)	철 함량
바지락(80)*	10.6	검은콩(서리태, 20)	1.6
쇠간(60)*	6.1	깻잎(70)	1.5
꼬막(80)*	5.4	쌀(90)	1.2
쇠고기(60)*	3.5	사과(100)	0.8
굴(80)*	3.0	딸기(200)	0.8
시리얼(40)	1.8	치즈(20)	0.3
시금치(70)	1.8	우유(200)	0.2
달걀(60)	1.7		

*헴철이 들어 있는 식품

출처: 농촌진흥청 국립농업과학원, 2011

철 결핍 예방을 위한 식사원칙

- 철이 풍부한 식사를 섭취한다.
- 매끼 식사에 비타민 C 급원을 포함한다.
- 가능하면 매일 고기, 닭고기, 생선의 헴철이 식사에 포함되도록 한다.
- 식사와 함께 차나 커피를 많이 마시지 않도록 한다.

참고문헌

강근옥, 신미혜, 김지연, 설민숙, 박화연. 조리과학. 도서출판 효일, 2004

구난숙, 김완수, 이경애, 김미정, 고은미. 공중보건학. 파워북, 2013

구난숙, 김완수, 이경애, 김미정. 이해하기 쉬운 식품위생학. 파워북, 2015

구재옥, 임현숙, 정영진, 윤진숙, 이애랑, 이종현. 이해하기 쉬운 영양학. 파워북, 2008

권종숙, 김경민, 김혜경, 장유경, 조여원, 한성림. 사례와 함께하는 임상영양학. 신광출판사, 2012

금동혁. 수확후 공정공학. 도서출판 씨아이알, 2008

김선효, 이경애, 이현숙, 김미현, 김지명, 이옥희. 식생활과 건강. 파워북, 2013

김숙희, 진양호. 식품조리과학. 지구문화사, 2012

김완수, 신말식. 수침과 건조조건을 달리하여 만든 찹쌀가루와 멥쌀가루의 특성. 한국식품조리과학회지 23(6): 124-134, 2007

김하림, 송경희, 이영미, 한영신, 강보미, 권순주. 초등학생의 식품알레르기 교육 프로그램의 효과 평가. J East Asian Soc Dietary Life 25(6): 1058-1064, 2015

김향숙, 오명숙, 황인경. 조리과학(개정판). 수학사, 2014

김화영, 김미경, 왕수경, 장남수, 신동순, 정혜경, 장문정, 권오란, 김양하, 김혜영, 양은주, 김우경, 이현숙, 박윤정. 영양 그리고 건강 4판. 교문사, 2016

노봉수, 김명화, 어중혁, 윤현근, 이성준, 이원종, 이재환, 임재연, 정현정, 조미숙. 생각이 필요한 건강과 식생활. 수학사, 2013

농촌진흥청 국립농업과학원. 제8차 개정판 2011 식품성분표. 광문당, 2011

대한비만협회. 비만치료지침. 2013

대한소아알레르기호흡기학회, 대한이비인후과학회, 대한천식알레르기학회, 대한피부과학회, 한

국천식알레르기협회, 보건복지부, 질병관리본부. 식품 알레르기 대탐험. 2012

대한영양사회, 삼성서울병원. 사진으로 보는 음식의 눈대중량. 1999

박영현, 구난숙, 이경애, 김용호, 김미정, 정귀화. 식품위생관리와 HACCP. 양서원, 2013

변기원, 이보경, 권종숙, 김경민, 김숙희. 영양소 대사의 이해를 돕는 고급영양학. 교문사, 2016

보건복지부, 한국영양학회. 2020 한국인 영양소 섭취기준. 2020

보건복지부, 한국영양학회. 2020 한국인 영양소 섭취기준 활용. 2022

보건복지부, 국립암센터. 국민 암예방 수칙. 2006

식품의약품안전처. 가공식품을 통한 당류 섭취량 증가 추세: 2010-2012년 우리 국민의 당류 섭취량 분석결과 발표. 식품의약품안전처 보도자료, 2014

신말식. 미래의 쌀소비변화를 주도할 밀가루 대체 쌀가공식품. 식품산업 214(3): 9-34, 2010

신말식, 이경애, 김미정, 김재숙, 황자영. 조리과학. 파워북, 2009

신말식. 미래의 녹색 식품산업을 주도할 쌀가공산업의 활성화. 식품저장과 가공산업 한국식품저장유통학회, 9(1): 16-37, 2010

신말식. 쌀가공식품. 식품과학과 산업 42(4): 2-18, 2009

연소영, 권상희, 오경원. 우리 국민의 당 섭취 현황. 주간 건강과 질병 13(7): 359-366, 2020

윤계순, 이명희, 류은순, 민성희, 신원선, 정혜정, 김지향, 박옥진. 새로 쓴 식품학 및 조리원리(개정판). 수학사, 2014

이경애, 김미정, 윤혜현, 황자영. 쉽게 풀어 쓴 식품가공저장학. 교문사, 2015

이경애, 변광의, 이수정, 주난영, 최남순. 식품가공저장학. 파워북, 2010

이미숙, 박영숙, 현화진, 김순경, 송은승, 이경애, 이선영, 현태선, 김희선, 윤은영. 리빙토픽 영양과 식생활(개정2판). 교문사, 2011

이수영. 식품 알레르기 예방관리를 위한 연구. 식품의약품안전처 정책용역연구보고서, 2015

이수영. 식품알레르기. Korean J Pediatr 47(3): 240-246, 2004

이승현, 신말식. 수침과 입자크기를 달리한 쌀가루와 쌀만주제조 특성. 한국식품조리과학회지 25(4): 427-434, 2009

이행신, 권성옥, 연미영, 김도희, 이지연, 남지운, 박승주, 연지영, 이순규, 이혜영, 권오상. 한국인의 총당류 섭취실태 평가: 2008-2011년 국민건강영양조사 자료를 이용하여. J Nutr Health 47(4): 268-276, 2014

이혜숙, 홍성철, 김정홍, 김재왕, 이근화, 이재천. 학령기 아동의 식품알레르기 유병률과 식품알레르겐 감작률 조사. 대한보건연구(구 대한보건협회학술지) 40(3): 49-58, 2014

이화영, 황은정, 현태선. 대학생의 영양섭취부족 위험 진단을 위한 간이 식습관평가표 개발. 생활과학연구논총 19(2): 67-79, 2015

정진은. 한국인의 총당류 섭취실태와 급원식품에 대한 연구(2001년과 2002년도 국민건강영양조사 자료를 이용하여). 한국영양학회지 40(Suppl): 9-21, 2007

질병관리청. 2020 국민건강통계. 국민건강영양조사 제8기 2차년도(2020), 2022

최혜미, 김정희, 김초일, 장경자, 민혜선, 임경숙, 변기원, 이홍미, 김경원, 김희선, 김현아. 21세기 영양학 원리 제3판. 교문사, 2011

최혜미, 김정희, 이주희, 김초일, 송경희, 장경자, 민혜선, 임경숙, 이홍미, 김경원, 김희선, 윤은영. 21세기 영양과 건강 이야기. 라이프사이언스, 2002

한국식품과학회 유지분과위원회(윤석후, 최은옥, 오찬호, 송영옥, 정문웅, 홍순택, 장판식, 이재환, 김현정). 생각이 필요한 식용유지학. 수학사, 2015

한국식품과학회. 식품과학용어사전. 교문사, 2014

한국영양학회. 내몸을 살리는 식물영양소. 라이프사이언스, 2013

한국영양학회. 매일매일 건강주스. 서울문화사, 2015

한국커피전문가협회(사). 바리스타가 알고 싶은 커피학. 교문사, 2011

한영신, 서울특별시 식품안전추진단. 식품알레르기 교육 및 급식 관리매뉴얼. 서울특별시 안전추진단, 2010

한영신. 식품알레르기 이렇게 알아보아요. 서울특별시, 2011

황인경, 김정원, 변진원, 한진숙, 김수희, 박찬경. 기초가 탄탄한 식품학(개정판). 수학사, 2013

BeMiller JN, Carbohydrate Chemistry for Food Scientists 2nd ed., AACC International Press, 2007

Choe E & Min DB, Chemistry of deep-fat frying oils, J. Food Sci. 72: R77-R86, 2007

Choe E & Min DB, Mechanisms and factors for edible oil oxidation, Comp. Rev. Food Sci. Food Saf. 5: 169-186, 2006

Choi SH & Rha YH, Food allergy in children, J Korean Med Assoc 52(11): 1090-1099, 2009

Drummond KE & Brefere LM, Nutrition for foodservice and culinary professionals 8th edition, John Wiley & Sons. New Jersey, USA, 2014

Fasano A, Systemic autoimmune disorders in celiac disease, Curr Opin Gastroenterol. 22: 674-679, 2006

Foote C, Photosensitized oxidation and singlet oxygen: consequences in biological systems, pp 85-133. In: Free Radicals in Biology, Pryor WA (ed). Academic Press, New York, NY, USA, 1976

Grimshaw KEC, Hoest A, Lack G, O'Mahony L, Papadopoulos NG, Panesar S, Prescott S, Roberts G, de Silva D, Venter C, Verhasselt V, Akdis AC, Sheikh A. on behalf of EAACI Food Allergy and Anaphylaxis Guidelines Group, EAACI Food Allergy and Anaphylaxis Guidelines, Primary prevention of food allergy, Allergy 69(5): 590-601, 2014

Jeong S, Kang WS, & Shin M, Improvement of the quality of gluten-free rice pound cake using extruded rice flour, Food Sci. Biotechnol. 22: 173-180, 2013

Jeong Y, Kim ES, Lee J, & Kim Y. Trends in sodium intake and major contributing food groups and dishes in Korea: the Korea National Health and Nutrition Examination Survey 2013-2017. Nutr Res Pract 15(3): 382-395, 2021

Juliano BO, Rice Chemistry and Technology, 2nd ed. AACC Inc., 1985

Jung MY, Yoon SH, & Min DB, Effects of processing steps on the contents of minor compounds, and oxidation stability of soybean oil, J. Am. Oil Chem. Soc. 66: 118-120, 1989

Kruger JE, Matsuo RB, & Dick JW, Pasta and Noodle, Technology AACC Inc., 1996

Kumar S & Pandey AK, Chemistry and biological activities of flavonoids: an overview, Scientific World Journal 162-750, 2013

Min DB, & Boff JM, Lipid oxidation of edible oil, pp 335-363. In: Food Lipids. Akoh CC, Min DB (eds). Marcel Dekker, New York, NY, USA, 2002

Niewinski MM, Advances in Celiac Disease and Gluten-Free Diet, J Amer Diet Assoc 108(4): 661-672, 2008

Park SJ, Ha KY, & Shin M., Properties and qualities of rice flours and gluten-free cupcakes made with higher yield rice varieties in Korea, Food Sci Biotechnol 21(2): 365-372, 2012

Patel BK & Seetharaman K, Effect of heating rate on starch granule morphology and size, Carbohyd Polym 65(3): 381-385, 2008

Pomeranz Y, Wheat Chemistry and Technology Vol I and Vol II. 3rd ed. AACC, 1988

Pyler EJ, Gorton LA, Baking Science & Technology 4th ed. Sosland Publishing Co., 2008

Rolfes SR, Pinna K, & Whitney E, Understanding normal and clinical nutrition, 10th ed. Cengage learning, 2015

Shin M, Gang DO & Song J., Effects of protein and transglutaminase on the preparation of Gluten-free rice bread, Food Sci Biotechnol. 19(4): 951-956, 2010

Slavin J, Fiber and prebiotics: Mechanisms and health benefits, Nutrients 5: 1417-1435, 2013

Somogyi JC, Müller HR, & Ockhuizen T, Food Allergy and Food Intolerance, Karger, 1991

Song JY & Shin M, Effects of soaking and particle sizes on the properties of rice flour and gluten-free rice bread, Food Sci. Biotechnol. 16: 759-764, 2007

Stefano Guandalini S & Assiri A, Celiac Disease A review, JAMA Pediatrics 168(3): 272-278, 2014

Warner K, Orr P, & Glynn M, Effect of fatty acid composition of oils on flavor and stability of fried foods, J. Am. Oil Chem. Soc. 74: 347-356, 1997

Warner K & Nelsen T, AOCS collaborative study on sensory and volatile compound analysis of vegetable oils, J. Am. Oil Chem. Soc. 73: 157-166, 1996

WHO, Increasing fruit and vegetable consumption to reduce the risk of non-communicable diseases, http://www.who.int/elena/titles/fruit_vegetables_ncds/en/

Wong GWK, Preventing Food Allergy in Infancy-Early Consumption or Avoidance?, N Engl J Med 374: 1783-1784, 2016

경기도 소비자식품위생감사원, 2016년 식중독예방관리 추진방향 교육 자료 http://www.mfds.go.kr/fm/article/view.do?articleKey=1807&searchTitleFlag=1&boardKey=22&menuKey=146&currentPageNo=1

국가건강정보포털 http://health.mw.go.kr

농촌진흥청 국립농업과학원 국가표준식품성분표 http://koreanfood.go.kr/board/boardDetail.do

삼성서울병원 아토피환경보건센터 http://www.samsunghospital.com/dept/main/index.do?DP_CODE=ATP

식품의약품안전처, 2015 나트륨 줄이기 운동본부 활동보고서 http://www.foodnara.go.kr/Na_down/edudataView.mk

식품의약품안전처, 2015 유해물질총서 https://www.foodsafetykorea.go.kr/portal/board/

boardDetail.do

식품의약품안전처, 건강기능식품 https://www.foodsafetykorea.go.kr/main.do

식품의약품안전처, 나트륨줄이기 http://www.foodnara.go.kr/Na_down

식품의약품안전처 영양표시정보 http://www.kfda.go.kr/nutrition/index.do

알코올중독상담센터 http://www.alcohol114.com

Linus pauling institute, Oregon state university, Micronutrient information center, http://lpi.oregonstate.edu/mic/dietary-factors/phytochemicals

http://www.fda.gov/food/ingredientspackaginglabeling/foodallergens/ucm2006768.htm

http://www.foodallergy.or.kr/allergy/?gb=3&dep=1

http://www.webmd.com/allergies/guide/food-allergy-intolerances

찾아보기

저자 소개

신말식
서울대학교 식품영양학과 박사
현재 전남대학교 식품영양과학부 명예교수

최은옥
미국 오하이오주립대학교 식품공학과 박사
현재 인하대학교 식품영양학과 명예교수

김정인
미국 캘리포니아주립대학교(버클리) 영양학과 박사
현재 인제대학교 식품영양·식품공학부 교수

이경애
일본 동경대학교 농예화학과 박사
현재 순천향대학교 식품영양학과 교수

현태선
미국 앨라배마대학교(버밍햄) 영양학과 박사
현재 충북대학교 식품영양학과 교수

권종숙
미국 오하이오주립대학교 영양학과 박사
현재 신구대학교 식품영양학과 교수

이해하기 쉬운 개정판

식품과 영양

2016년 9월 30일 초 판 발행
2023년 3월 3일 개정판 발행

지은이 | 신말식 · 최은옥 · 김정인 · 이경애 · 현태선 · 권종숙
발행인 | 유제구
발행처 | 파워북
주 소 | 경기도 고양시 일산동구 호수로 358-25
동문타워 2차 529호
전 화 | (02) 730-1412
팩 스 | (031) 908-1410
등 록 | 1997. 1. 31. 제2014-000067호

정 가 21,000원
ISBN 978-89-8160-502-5 (93590)

잘못된 책은 바꿔드립니다.